湖南省社会科学院重点项目
"湖南省新型农业经营主体培育创新研究"
（18ZHB06）的成果

王凡 著

生态农业
绿色发展研究

RESEARCH ON THE GREEN DEVELOPMENT
OF ECOLOGICAL AGRICULTURE

基于新型农业经营主体培育创新

社会科学文献出版社
SOCIAL SCIENCES ACADEMIC PRESS (CHINA)

目 录
CONTENTS

前　言

习近平总书记在党的十九大报告中指出："我们要建设的现代化是人与自然和谐共生的现代化，既要创造更多物质财富和精神财富以满足人民日益增长的美好生活需要，也要提供更多优质生态产品以满足人民日益增长的优美生态环境需要。"① 共产党总结新时代中国特色社会主义的发展规律，从党的十八大以来将生态文明建设纳入"五位一体"和"四个全面"战略布局，这是共产党治国理政思想的基本战略和最高境界。人与自然和谐共生的现代化是绿色发展新理念的升华和深化，是人民追求的一种新型现代化，绿色发展是新时代生态农业现代化经济体系的永恒主题，是乡村振兴战略实施的重要内容和重大举措。建设生态农业现代化经济体系将成为支撑中华民族伟大复兴、实现美丽中国梦的重要基础及必由之路。绿色发展将成为中国生态文明建设的重中之重，也是推动中国经济发展转型的主要方向和主要目标。绿色发展是中国社会经济发展的必然要求，是中国政府执政理念创新的必然要求，是实现广大人民群众对美好生活向往的必然要求，是新时代中国特色社会主义建设道路、历史使命、发展模式、创新路径、改革突破的基本国策和重大战略。

中国传统文化蕴含着丰富的生态文明思想。古代中国是一个农业大国，以农为立国之本。农业生产及农事活动仰仗于天，与自然环境紧密相连。"农耕文明"经历了上万年的历程，然后过渡到"工业文明"，而"工业文明"为人类创造了巨大物质财富的同时也给自然生态环境带来了许多灾难，

---

① 习近平：《决胜全面建成小康社会 夺取新时代中国特色社会主义伟大胜利——在中国共产党第十九次全国代表大会上的报告》，人民出版社，2017，第50页。

这一问题需要通过生态文明建设加以解决。中华民族的先人在与自然相处和长期的社会生产、生活实践中，很早就认识到了"自然法则"的必要性和重要性。据《史记》记载，轩辕黄帝就倡导"劳勤心力耳目，节用水火材物"[1]。也就是说，从中华民族的始祖开始，就已经认识到人类必须节约使用资源。其曾孙高辛帝提出要"取地之材而节用之"[2]。尧帝则要求做到"富而不骄，贵而不舒"[3]。舜帝更是"内行弥谨"，使其家人"不敢以贵骄事舜亲戚"[4]。这些中华民族的先皇始祖都以其对人类可用资源的正确认识，形成了实现人与自然和谐共生的基本法则，系统阐释了人与自然的关系，其核心思想就在于要尊重自然规律。这种效法自然的生态文明思想，主要体现为有机整体的生态世界观、珍爱自然的生态伦理观与和谐共荣共生的生态实践观。其所强调的是人类不是单纯的自然保护主义者，而是以人与自然相统一为目标的自然认知者、保护者、改良者和调适者，人类不能以牺牲自然来满足当前无休止的欲望，这种思想作为一种文化为后代所继承。

几千年来，中华民族在处理人与自然关系的生态实践中积累了丰富的智慧和经验。中国传统文化中的生态文明思想十分丰富且深刻，与党和国家提出的生态文明理念在思想内核上是相通的，生态文明的视域首先表现为"以人观之"。宽泛而言，"以人观之"也就是从人自身的视域出发来理解和评判世界，这种"观"包含多方面的意义：它不仅涉及狭义上的理性认知，而且关乎绿色价值的关切，绿色发展理念的升华，还具体表现为在事实层面上对自然本身、自然与环境关系的把握，以及天人之间的绿色价值意义指向。

人类生产活动与保护环境之间的关系大体上可以分为三种情况：相斥、相容、相促。这分别表明了三种生产活动对生态红利、对生态农业绿色发展形成的作用形态：第一种是生产活动会严重破坏环境，如果要保护生态环境，就不得不进行这样的生产活动，而如果要进行这样的生产活动，就必须付出很大的环境代价，即两者相互排斥，只能取此舍彼；第二种生产

---

① 司马迁：《史记·五帝本纪》，岳麓书社，1938，第1页。
② 司马迁：《史记·五帝本纪》，岳麓书社，1938，第2页。
③ 司马迁：《史记·五帝本纪》，岳麓书社，1938，第2页。
④ 司马迁：《史记·五帝本纪》，岳麓书社，1938，第6页。

活动是能够在一定的环境相容中进行，可以不对生态环境造成重大破坏，处于自然界可自我净化的范围之内，进行环境修复，反之，对生态环境的保护也不构成对生产活动的完全禁止，两者共存共生；第三种是生产活动有助于保护生态环境，促进环境改善，两者间是互利共赢的关系。

新时代中国生态农业绿色发展面临的主要问题是：农业生产对资源和要素投入的依赖迅速增加，耕地质量退化、环境污染加重、局部生态破坏问题日趋突出；农产品成本、机会成本以及生态成本提高，生态比较利益下降的问题明显加重，增强生态农业可持续发展能力的重要性迅速凸显；国内农产品价格高于国际市场的问题日趋突出，增强生态有机含量的生态农业竞争力更加紧迫；生态农业产业链、价值链的整合协调机制亟待健全，跨国公司对中国提升农业价值链、产业链和维护生态农业产业安全的挑战日益增多。

生态农业绿色发展受大气的影响，从空间上说，影响的不是个别国家、地区，而是整个世界。正如学者们所说，自然界的行为是没有国界的，西伯利亚的寒流会支配日本的冬天，赤道下的太平洋所产生的台风会经历数千公里的旅程来袭击日本，墨西哥的海湾在左右欧洲的气候，我国台湾地区的台风也会给大陆带来袭击，美国的农作物如果歉收，全世界的粮食供给都会发生困难。地球是一个整体，全人类是一个命运共同体。从时间上说，生态影响不是几年、几十年，而是波及子孙后代。为了眼前的利益寅吃卯粮、竭泽而渔，带来的后果只能是抢子孙的饭碗。自然环境如此巨大的报复，对人类的生存和发展带来的不是一般的影响，而是重大灾难，因此，生态危机实质是人的危机。

新时代生态文明建设越来越重视生态农业绿色发展，实际上意味着人类发展对于环境的大范围深度影响已经直接触及人类发展的价值核心，其严重性已经为人类所切身感受，再也不可忽视，忽视环境或牺牲环境的发展已经付出了不小的代价。今天，中国真正走在了不仅需要生态勇气而且需要生态智慧的道路上。从一定意义上说，21世纪，对于绿色发展，新发展理念比生产努力更重要，改革红利比发展速度更重要，生态红利比辉煌更重要。生态农业绿色发展作为当代农业现代化发展的一种崭新理念与实践，是中国解决严重环境问题和实现农业可持续发展的战略选择，是构建新的生产方式和生活方式的重要途径，是对构建人类绿色价值观及其生态红利的伟大工程、伟大实践，是建设生态农业现代化经济体系的新征程。

在几千年的中国文明史中，农业供给侧改革所提供的制度在不断地创新，所形成的产业结构在不断地优化，所提供的生产要素在不断地升级。一种基于农业文明而凝塑出来的乡土意识，也恰恰在日复一日、年复一年的"翻土"劳作中逐渐促成绿色农业产业化萌生、发展和壮大。人们生活在这种生态农业文明的意识之中，并为这种意识所牢固地束缚着，同时也在不断地借助改革的举措而向这条渐趋凝固的意识长河中注入了种种创新性的力量。改革发展创新使得这一文明的意识之流能够持续不断地流淌，从未真正干枯过，并最终汇聚成滋养着这一农业文明逐渐向生态文明攀升所承载的大江、大河、湖泊、海洋，由此而彰显了生态农业绿色发展的一种柔韧性、持久性以及生命力。生态农业是一个集技术、经济、政治和国家安全于一体，与整个人类的进化史并存，并随着社会发展和进步，越来越表现出多功能性的、永恒的魅力产业。

新时代中国特色社会主义主要矛盾是："人民日益增长的美好生活需要和不平衡不充分的发展之间的矛盾。"[①] 人民日益增长的美好生活需要不仅是一种生活追求，而且还是一种生态环境的向往；不平衡和不充分的发展则表现为区域之间、产业之间的发展还没有得到十分充分和高度平衡的发展。农业生产要素不仅是土地、劳动力、资金要素，还包括生态环境要素，而且生态环境要素是一种极其重要的生产要素。大概没有人会否认，新时代的中国乡村正在面临一场从内到外的重大变革。举目四望，既有让人惊讶的富有创造性潜质的生态农业产业化发展，又有使人痛心疾首的生态环境被破坏所带来的损害及灾难。随着乡村振兴从闭合走向开放，从一般的产业走向生态农业产业化发展，这些乡村剧变使得人们作为曾经的秉持客观姿态的观察者，渐渐开始怀疑乡村作为一种供给侧结构性改革的价值所在，怀疑生态农业绿色产业化经营所带来的产业变革、效率变革、动力变革，其结果是怀疑变成了现实与展望，乡村振兴的新常态、新业态、新理

---

① 习近平：《决胜全面建成小康社会 夺取新时代中国特色社会主义伟大胜利——在中国共产党第十九次全国代表大会上的报告》，人民出版社，2017，第11页。

念、新发展模式正在转变为自然美、环境美、乡村美、祖国美，构成了一幅幅锦绣河山的美丽画卷。

新时代农业供给侧结构性改革，对于农业供给侧而言，是一种制度创新供给，是农业产业结构优化层面的新供给，农业生产领域的质量变革为其他产业的发展提供优质、高效、优良的原材料产品，是农业生产条件改善的新供给。农业结构性改革的内涵为制度创新、体制创新、技术创新、产业创新、产品创新；结构优化的内涵为生态农业绿色产业化结构的优化、绿色农产品创新结构的优化；生产要素升级的内涵为土地无污染的绿色化、劳动者知识的绿色化、技术的绿色化。制度创新、结构优化、要素升级是生态农业产业化发展的三架发动机，其中，创新是生态农业绿色发展的第一推动力。

新时代生态农业绿色发展的历史重任要推向新型农业经营主体，大力培育新型农业经营主体已成为实施乡村振兴战略、发展生态农业的重大战略举措。生态农业龙头企业、中国特色家庭农场、专业化合作组织、农业经营性服务组织等共同构成了中国农业现代化建设的主要阵地和骨干力量。我国倡导建立的具有"中国特色"的新型适度规模农业生产经营主体，是符合中国农业历史沿革与时代诉求的生产经营模式，较好地解决了"谁来种地""怎样种地"的问题，彰显出强大的生命力和比较制度优势。

新时代新型农业经营主体培育创新具有丰富的内涵，着力于体制机制的创新、农业生产经营模式的创新、农业产业化绿色发展的创新、农产品质量变革的创新、农业生产效率提升的创新、农业发展动力变革的创新。新型农业经营主体培育是着力于制度培育、体制培育、机制培育、市场培育、动能培育、技术培育、人才培育、产权主体培育、绿色金融培育、绿色财政培育，着力于推进新型农业经营主体成为市场主体、产权主体、农业绿色产业化经营主体、专业化发展主体、集约化生产主体、生产要素优化主体、农业产业结构优化主体、规模化生产主体、产业化发展主体。

新时代的历史背景和发展阶段赋予了生态农业绿色发展新的内涵和使命，生态农业具有健康、平和、平衡、友善、有机、包容等特性。农业经济是生态农业发展的沃土，过去几十年里，中国"三农"改革和发展的实践为经济学的研究提供了大量生动鲜活的素材与案例，推动了生态经济学的发展，并成为生态经济学理论的天然实验田。生态农业绿色发展正面临着绿色经济巨大变革的机遇和挑战。大力发展生态农业，大力培育新型农业经营主体，开创生态农业绿色发展新时代，推进生态农业产业化进程，实现生态农业的可持续发展，实施乡村振兴战略是农村工作者的责任担当和历史使命。

本书坚持理论与实践相结合的方法，在研究马克思主义生态经济理论的基础上，提出并围绕"生态农业绿色发展"这个主题，以农业供给侧结构性改革为导向，以创新绿色发展为动力，以乡村振兴战略为支撑，对生态农业产业化与社会经济可持续发展、生态农产品开发、生态农业生产基地建设、生态农业龙头企业发展、生态农业产业化组织形式创新、生态农业绿色发展的制度创新、生态农业与绿色知识经济的发展，以及新时代生态农业现代化体系的构建等问题及视域进行了深入的分析和研究，力争为党的十九大提出的乡村振兴战略的实施提供理论参考和实践指导。为便于阅读和了解，各章摘要如下。

第一章，绿色发展是建设农业现代化经济体系的永恒主题。通过总结归纳和分析生态农业现代化经济体系的内涵及特征，阐述了生态农业绿色发展与供给侧改革的含义、背景、条件及其之间的关系，在此基础上，对生态农业绿色发展的道路、新型农业经营主体培育、经营模式、发展方式、创新路径等基本问题进行了深入的分析。最后对本书关于生态农业绿色发展的研究方法、理论突破及意义作了简要的回答和阐述。

第二章，生态农业绿色发展的相关理论。围绕生态农业与供给侧结构性改革的关系，对生态经济学理论、区域经济理论、产权管制理论进行了分析，为后面各章节对生态农业绿色产业化发展分析提供基础理论支撑。

第三章，生态农业生产基地建设与供给侧改革。生产基地是生态农业产业化发展的载体和必要条件；优化供给对绿色农业产业化基地建设具有极其重要的作用与意义。要求我们根据生态农业产业化基地建设的需要实施供给侧改革，有针对性地实施农业产业化基地建设，有效地解决存在的问题并发挥农业供给侧改革的作用。

第四章，生态农业龙头企业的培育创新。龙头企业是连接农户与市场的桥梁和纽带，这种桥梁与纽带作用的发挥必须通过新型农业经营主体培育创新来实现。要求我们必须正确处理龙头企业与农户、龙头企业与农业合作组织之间的关系，也就是龙头企业发展与供给侧结构性改革的关系。

第五章，生态农业产品创新与供给侧改革。从农业供给侧结构性改革与产品创新的内在逻辑入手，重点阐述了农产品可持续创新与农业资源之间、生态农业产业化新产品开发与供给侧改革之间的关系。农产品地理标志和科技创新对绿色农产品开发具有重要作用。

第六章，新型农业经营主体培育创新与供给侧改革。绿色农业产业化经营的实质是新型农业经营主体培育及其相互关系的创新；着重解决的问题是如何通过农业供给侧改革创新和培育新型农业产业化经营主体；介绍国外农业产业化经营组织模式，提出符合我国实际的绿色农业产业化经营组织模式。

第七章，新型农业经营主体培育的制度创新。创新是提高新型农业经营主体水平和促进生态农业产业化发展的灵魂；创新体系与生态农业绿色发展有着内在的逻辑关系；制度创新为新型农业经营主体创新提供宏观条件，新型农业经营主体培育创新作用于生态农业绿色发展水平的提升；制度创新与新型农业经营主体培育和生态农业产业化创新相互作用。

第八章，新型农业经营主体培育创新与绿色知识经济发展。本章分析了绿色知识经济的内涵及特征，归纳了绿色知识经济的发展运行规律，阐述了绿色知识经济对新型农业经营主体培育和生态农业绿色产业化发展的重要作用，提出了发展绿色知识经济的路径选择。绿色知识经济是新时代发展的客观要求，是提高生态农业绿色发展水平的客观需要，是实现新型农业经营主体培育创新和生态农业绿色产业化发展、建设新时代中国特色社会主义的重要内容。

总之，我们要遵循党的十九大提出的生态文明建设的战略方针："必须坚持节约优先、保护优先、自然恢复为主的方针，形成节约资源和保护环境的空间格局、产业结构、生产方式、生活方式"[①]，还自然以宁静、和谐、美丽。新时代生态文明建设、生态农业绿色产业化发展已经顽强地表现为时代效应、产业效应、质量效应、动力效应，人类的生存环境和发展环境

---

① 习近平：《决胜全面建成小康社会 夺取新时代中国特色社会主义伟大胜利——在中国共产党第十九次全国代表大会上的报告》，人民出版社，2017，第 50 页。

正在不断地优化。我们要激发生态农业绿色发展的新型农业经营主体的创造力和活力，努力实现生态农业更高质量、更有效率、更加公平、更可持续的发展，努力实现中华民族的伟大复兴，这是我们共同的责任担当和历史使命。

第一章 绿色发展是建设农业现代化经济体系的永恒主题

习近平总书记在党的十九大报告中指出："人与自然是生命共同体，人类必须尊重自然、顺应自然、保护自然。人类只有遵循自然规律才能有效防止在开发利用自然上走弯路，人类对大自然的伤害最终会伤及人类自身，这是无法抗拒的规律。"[①] 中国特色社会主义建设已经进入新时代，特定的时代总是有特定的时代新发展理念。伴随生态文明时代的形成和发展，绿色发展也开始作为一种新的时代理念悄然兴起，并日益受到人们的关注。人与自然和谐的生命共同体体现着该时代的发展规律，体现着时代精神的精华，因而作为生态文明时代的生态农业绿色发展，也必然孕育着这一时代精神，生态农业绿色发展是这一精神的重要表现形式，生态农业的供给侧改革是其重要的路径。站在新时代新的历史高度认识、研究和审视生态农业绿色发展，积极培育新型农业经营主体和绿色经济主体，对于推动时代发展特别是人与自然相结合的农业现代化，实现全面小康社会和建设美丽中国、美丽乡村具有重要的理论与现实意义。

第一节 新时代农业现代化经济体系的内涵及特征

我国经济建设的一个总纲领，就是要加快建设现代化经济体系。这是党的十九大报告基于建设社会主义现代化强国的目标，创新性地提出来的

---

① 习近平：《决胜全面建成小康社会 夺取新时代中国特色社会主义伟大胜利——在中国共产党第十九次全国代表大会上的报告》，人民出版社，2017，第50页。

一个突出的具有建设性的重要范畴。新时代农业现代化经济体系具有特定的内涵及特征，站在新时代的高度，思考建设农业现代化经济体系，就是要坚持质量第一、效率优先的方针，以深化供给侧结构改革为主线，推动质量、效率和发展动力的三大变革；要建设一个四要素协同的农业现代产业体系，即农业实体经济、科技创新、现代金融、人力资源四者协同的农业现代化经济体系；要建设能够支撑农业现代化经济体系的体制和机制，让市场机制有效、农业微观主体有活力、宏观调控有度。

一 生态农业现代化经济体系：内涵和建设标准

过去，我们曾经提出过实现"经济现代化"目标，或建立"现代产业体系"等要求。前一范畴经常与国防现代化、科技现代化等并列或对照使用，主要是指从农业经济向工业经济转变、农业社会向工业社会转换、农业文明向工业文明变革的历史和动态过程。后一范畴则是在产业层面上，特指现代元素比较显著的产业构成。这在经济发达的国家，主要指工业技术先进、现代服务业发展比较充分的产业构成；而在发展中国家，则主要是指工业化进程启动或加速成长、第三产业所占比重稳定上升的产业构成、农业现代化经济体系构成。显然，十九大报告新提出的"现代化经济体系"这一概念，在一定程度上融合了"经济现代化"和"现代产业体系"这两个概念的内涵。①

生态农业现代化经济体系，不是指变革的历史和动态的进程，而是指与构成现代农业的其他要素（如现代化农业社会体系、现代化农业生态体系、现代化农业法制体系、现代化农业产业体系）对应，指一种可以定性或定量描述的农业经济发展水平的状态、目标和结构；它不仅是针对现代农业产业构成、产业结构而言，也不仅是用此来描述生态农业产业的水平，而是指整个国家的相互联系、相互影响的经济系统，在生态农业发展总量和速度、发展水平和质量、发展结构和要素、空间布局的性状、体制机制运行、开放发展程度等诸多方面的农业现代化水平和状态。相对于全面建

---

① 刘志彪：《建设现代化经济体系：新时代经济建设的总纲领》，《山东大学学报》2018 年第 1 期。

成现代化强国的战略目标来说，生态农业是新时代中国特色社会主义现代化建设的一个最基础性的建设子目标和内容。为了实现这个子目标，必须以建设生态农业现代产业体系为重要的物质基础。

根据党的十九大报告精神，生态农业现代化经济体系的基本建设标准和框架，主要应该由以下几个方面构成。[①]

1. 反映新发展理念帮助城乡一体化发展、构建生态农业现代化经济体系取得的新成果

生态农业现代化经济体系的目标，是地区间、产业间、城乡间的发展更平衡、更充分，农业产业化体系更完善，农产品结构更合理，农产品质量更优，农业社会化服务体系更完善。应通过城乡一体化发展，明显缩小城乡差距，通过工业反哺农业、城市支援农村，"三农"短板得到有效弥补，最终使农产品供给结构质量明显提升、与"需求侧"结构升级动态地保持适应，人民对美好生活的向往不断得到更充分的满足。

2. 反映新产业、新动能帮助生态农业现代化经济体系建设取得的新成效

现代化产业体系在我国是指要全面地构建比较稳固的现代农业基础，总体要求是创立生态农业新产业、创造新产品，促进新产业不断涌现，新动能不断增强；各种高效益的特色生态农业产业层出不穷；农村产业链、产品链、物流链、价值链"四链"日益深度结合，对生态农业绿色发展产生持续推动力。

3. 反映新调整、新结构帮助生态农业现代化经济体系建设取得的新绩效

通过调整、优化产业结构，发挥优质产能对生态农业绿色发展的新作用。调整农产品结构的过程中，调出新绩效；调"绿"生产方式，调"优"产品结构，调"高"综合效益，促进全环节升级、全链条升值、全要素生效，全面提升经济、社会和生态效益。

4. 反映新体系、新主体帮助生态农业现代化经济体系建设取得的新效果

新时代农业现代化经济体系对高质量发展生产的促进作用，表现为农业经营新体系发展多种形式的农业规模经营和社会化服务的现代经营方式。它所具有的集约化、专业化、组织化、社会化四大特征，体现了现代生态

---

① 丁声俊：《站在新时代高度认识农业粮食高质量发展》，《价格理论与实践》2018 年第 1 期。

农业对绿色经营方式的内在要求,有利于推动农业更好更快实现现代化、生态化、绿色化,有利于农地流转,有利于提高经营规模化、生产现代化水平。

5. 反映新体制、新机制为生态农业现代化经济体系建设提供的新动力

我们应通过深化生态农业市场化改革,强化市场机制,增强农业高质量发展的内生力量,建立健全生态农业绿色发展的新体制、新机制。这意味着建立起充分发挥市场配置资源决定性作用的管理体系和方式,也意味着彻底转变政府职能。如是,就会增强市场应变能力,增强内在发展动力,增强调动积极性的活力。尤其是在建立以市场为主形成价格的新机制条件下,价格杠杆对生态农业绿色发展具有强大撬动力。

6. 反映新技术、新成果对生态农业现代化经济体系建设的新贡献

加快生态农业科技进步、推广普及绿色科技新成果对高质量发展做出的贡献。顺应生态农业由量到质转变的大趋势,必须大力开发推广绿色高效种养技术和农产品精深加工技术,促进生态农业节本降耗、转型升级、提质增效;推广生态农业绿色发展科技新成果,包括推广优良品种,采用"无节"的新方法,有效扩大优质产能,大幅度降低生产成本,有力提高全要素生产率。

7. 反映新方式、新途径有效提高生态农业现代化经济体系生态化水平

转变农业生产的粗放增长方式为集约化增长方式,对生态资源有效节约和有效提高利用率具有良好效果。我们应在农业生产采取循环经济发展的条件下,对农业资源综合化、精深化利用,"变废为宝"。这样,既可解决长期普遍存在的秸秆焚烧的难题,又可解决环境污染问题,还可加工生产出市场需要的产品,提高资源利用率。

8. 反映新生态、新模式对生态农业现代化经济体系的拉动力

新兴的"互联网+"新模式和现代生态对农业绿色发展消费需求具有拉动力。流通体制改革的深化,"互联网+"新流通模式和新业态蓬勃兴起,替代了不方便、耗时长、服务差的传统业态和经营方式,给消费者提供了便利、省时、优质的新业态和流通新模式,能够有力拉动民众的消费转型升级,并对生态农业绿色发展发挥基础性作用。

二　生态农业现代化经济体系的特征

我们要建设的生态农业现代化经济体系是贯彻新发展理念，以生态农业现代化产业体系和社会主义市场经济体制为基础的经济体系，是以生态农业现代科技进步为驱动力、资源配置高效、生态产业结构和生态产品质量不断升级的可持续发展的经济体系，是乡村振兴战略实施的重大战略举措。因此，生态农业现代化经济体系具有以下特征。

1. 坚持绿色发展理念，生态文明将给生态农业现代化经济体系建设带来强大生命力

绿色发展是可持续的永续发展，绿色发展理念就是遵循习近平倡导的"绿水青山就是金山银山"的科学论断，这是我们长期遵循的生态文明建设及美丽乡村建设的基本原则和理念。创新美丽乡村建设思路、方法、机制，立足生态农业绿色产业"特而强"，绿色功能"聚而合"，绿色机制"活而新"，绿色乡镇"小而美"，绿色品牌企业家"精而灵"，以这类具有强大生命力的载体，打造生态农业创新创业绿色发展和新型城镇化绿色平台。构建生态农业现代化经济体系要保护乡村特色景观资源，加强生态环境综合整治，构建生态网络；深入开展大气污染、水污染、土壤污染防治行动，带动城镇乡村生态环境质量全面提升，将美丽生态资源转化为"美丽乡村经济"。

2. 坚持农业供给侧改革创新，生态供给对生态农业现代化经济体系建设具有巨大影响力

改革创新是美丽乡村建设的根本动力，用改革的办法和创新的精神推进美丽乡村发展，完善乡村建设模式、管理方式和服务手段，促进生态农业绿色产业、农民转移就业、易地扶贫搬迁与特色小城镇建设相结合，依托信息服务平台和镇企合作平台，从优化绿色农产品供给视角，选择最佳生态产业合作城镇，城镇发挥生态资源优势，吸引生态产品在企业落户，实现供需对接、双向选择，共同打造镇企合作生态产业品牌，优化农产品供给，优化乡村存量资源配置，扩大乡村优质增量供给，培育乡村经济新增长点，形成乡村新动能，这些都将对生态农业现代化经济体系建设产生巨大影响。

3. 坚持以人民为中心的发展思想，人民将给生态农业现代化经济体系

建设带来伟大创造力

美丽乡村建设的最终目标是让民众共享改革成果、共享改革红利。人民是改革的实践者和创造者。创新乡村发展模式，创新乡村规划管理，推动乡村传统产业改造升级，培育壮大乡村新兴产业，发展乡村新经济，培育新型农业经营主体，都离不开人民，人民是新型劳动者大军。农业现代化经济体系建设要充分体现人民意志、保障人民权益、激发人民创造活力，用制度体系保障人民当家作主，建立和完善利益联结机制，保障乡村贫困人口在生态农业绿色产业化发展中获得合理、稳定的收益，并实现城乡劳动力、土地、资本和创新要素高效配置。

4. 坚持生态政策绿色导向，生态政策对生态农业现代化经济体系建设具有巨大推动力

坚持生态农业绿色发展，要坚持规划引领和绿色财政金融政策支持。根据乡镇绿色发展实际，精准定位，规划先行，科学布局乡镇生产、生活、生态空间。应通过配套系统性绿色融资规划，合理配置财政金融资源，要充分利用生态农业绿色产业开发性金融融资、融智优势，吸引社会资本投资美丽乡村建设和农业现代化经济体系构建。应根据乡村资源禀赋和绿色产业优势，探索符合乡村实际的绿色产业融合发展道路，不断延伸生态农业绿色产业链，提升绿色产业价值链，补齐乡村绿色产业发展短板，拓展生态农业的功能，推进多种形态的产城融合，实现农业现代化和新型城镇化协同发展。

第二节　生态农业供给侧结构性改革的永恒主题

2015 年 11 月，中央提出在适度扩大总需求的同时，要着力加强供给侧结构性改革。中央"十三五"规划建议中提出"把握发展新特征，加大结构性改革力度"[1]。随后，国务院相关部门为落实供给侧结构性改革，先后出台《关于加快发展生活性服务业促进消费结构升级的指导意见》《关于积极发挥新消费引领作用加快培育形成新供给新动力的指导意见》等文件。显然，中央提出供给侧结构性改革，是希望通过供给侧的改革创新带动需

---

① 《十八大以来重要文献选编》中，中央文献出版社，2016，第 789 页。

求扩展，弥补凯恩斯主义需求管理政策的不足，从不同维度扩大社会有效需求，这具有内涵丰富、思想深刻的战略性和政策性的重大意义。

一　生态农业绿色发展的含义与背景

1. 供给侧结构性改革与生态农业绿色发展的含义

（1）供给侧结构性改革的含义。供给侧结构性改革的内容，包括结构性减税、简政放权、放松管制以及营造更好的创新环境等。供给侧结构性改革的本质是要让供给和需求相匹配，在结构调整中提升经济增长的速度和质量，改善人民的福利。从长远看，这些改革举措显然有利于提升微观经济效率，最终会提高未来的潜在经济增长速度。在中国从计划经济向市场经济转型的过程中，不同领域的供给抑制政策得到纠正和革除的进程并不一样，在供给抑制政策基本消除的领域，商业资本和金融资本大量涌入，生产能力快速提升，很容易出现产能过剩问题；而在其他依然受制于供给抑制政策的领域，产品供给侧严重不足，大量有效需求无法得到满足。在那些有效需求得不到满足的领域进行深化改革，着力破除供给抑制政策，大幅度降低准入门槛，可以快速释放有效需求，并通过上下游的带动作用产生需求放大的乘数效应，最终推动周期性产能过剩问题的解决。但问题是，供给侧效率的提升，能否在较短时期内创造出新的社会总需求来，部分代替凯恩斯需求管理政策的作用呢？

美国供给学派曾经给出了肯定的答案，他们依据萨伊定律，认为微观效率改善会增加供给，而供给增加会带来收入增加，最终会传递到消费需求。但是，里根总统的实验表明，在总需求不足的经济衰退期，即使政府做出了必要的改革，微观效率的改进也不见得会实际发生。在总体过剩的环境下，企业特别是农业企业也不大可能有动力去增加产品供给，萨伊定律的逻辑链条根本就无法延续下去。所以，中国要实现成功的供给侧结构性改革，改革就不能只是里根式的仅仅停留在一般意义上改善微观经济效率，我们必须从中国的现实出发，找准改革的发力点和突破口。其基点就是要对准存在明显供给抑制政策，从而大量有效需求不能满足的领域，着力破除供给抑制政策的体制性障碍。比如，中国工业化进程非常快，农业占 GDP 的比重下降到 9% 左右，接近发达国家水平。但是，中国的城镇化率只有 55% 左右，按户籍人口计算只有 35% 左右，低于多数发展中国家，远远滞后于中国的工业化进程。这个巨大的落差意味着中国有两块庞大的有效需求没有得到满足：一是近 3 亿城市务工农民及其家属在就业所在地安家立业的需求；二是大中城市的部分高中收入家庭向城郊和农村地区迁移的需求。这些"入城"和"出城"的需求，体量都非常庞大，一旦被激活，不但会加快中国城镇化进程，而且农业现代化经济体系建设和生态农业绿色发展也会得到实质性的推进。

（2）农业绿色产业化的含义。绿色象征着生命。绿色是植物或生物的主要色调，植物的光合作用离不开绿色。没有绿色，不可能有植物，也就没有农业，更不可能有人类。人们往往用绿色来形容健康、安全的食品，并称之为绿色食品。从这个意义上讲，绿色是一切生命的起源，是生命力的象征，也就是农业发展的载体。农业绿色产业化的内涵极其广泛，包括绿色体制机制，诸如绿色革命、绿色计划、绿色投资、绿色产业、绿色消费、绿色食品、绿色金融、绿色财政、绿色能源、绿色生产、绿色经济、绿色标志、绿色行动等。农业绿色产业化发展，是一个包罗万象、动态发展、不断演进、由浅入深、由表及里、理解纷呈的概念，同时，又是一个内涵清晰、层次分明、目标明确、要求具体的概念。农业绿色产业化的核心思想是要保护我们人类赖以生存和发展的自然资源基础，努力实现自然资源的可持续利用；要保护好与我们息息相关的自然环境，包括大气环境、水环境、土壤环境等，努力实现自然环境的优美；要保护好与我们人类共同演进的生态系统，努力实现生态系统的持续稳定和服务功能增强。简言之，农业绿色产业化发展就是以资源节约、环境友好、生态保育为主要特征的发展理念和模式。

生态农业绿色发展的核心是绿色经济。农业绿色产业经济，由农业绿色产业、农业绿色金融、农业绿色财政、农业绿色投资、农业绿色消费、农业绿色贸易等共同组成，是一个复杂的巨大系统。

（3）生态农业现代化经济体系。一是生态农业生产体系。重点强调对传统农业进行生态化改造，大力发展循环经济，推行清洁生产，发展生态农业企业；重点培育和发展节能环保、新材料、新能源等产业；大力发展生态农业、生态旅游业、绿色生产性服务业和生活性服务业；切实提高资源利用效率，保证农业资源经济利用，绿色标志、绿色产品、绿色服务是生态农业产业体系的重要内涵。

二是绿色物流体系。重点强调提高运输服务水平，将农产品和原材料在贮存和运输过程中产生的挥发、渗漏、变质、损耗等对环境和人体健康的影响降到最低，提高货运车辆的里程利用率和吨位利用率。

三是绿色分配体系。强调通过再分配的形式，由政府和社会出面担负起环境治理、保护修复、新建的各种生态环境建设项目；通过再分配形式平衡社会各阶层的收入，以保证低收入者绿色产品的消费。

四是绿色消费体系。牢固树立生态文明理念，倡导文明、节约、绿色、低碳消费理念，推动形成与我国国情相适应的绿色生活方式和消费模式。

五是绿色市场体系。强调组织实施重大绿色农产品和技术应用示范工程，支持绿色农产品市场拓展和商业模式创新，完善绿色行业标准体系和市场准入制度。

六是绿色农业投资体系。绿色投资更加注重社会投资，更加注重资源节约、环境保育和生态保育。其中绿色财政要求政府财政优先考虑节约水、土地、能源、生物等资源，优先考虑提高水、大气、土壤等环境质量，优先考虑保护自然和人工生态系统，提高生态系统的服务功能。绿色金融则在坚持市场导向的同时坚持绿色发展导向，在贷款利率、额度、偿还期限等方面对绿色农业项目进行倾斜。

2. 生态农业绿色产业化供给侧结构性改革的背景

谈到供给侧结构性改革，人们就会不由自主地联想到西方经济学中的供给经济学、美国的"里根经济学"和英国的"撒切尔主义"。但中央提出的"推进供给侧结构性改革"，更多的是基于我国经济自身发展变化的需要，更多的源于中国经济学群体独立研究之成果，更多的是党中央在探索建设社会主义市场经济伟大实践上的不断创新，有着特定的时代背景。

（1）中国经济新常态的历史背景分析。改革开放40年来，中国经济持续高速增长，成功步入中等收入国家行列，已成为名副其实的经济大国。但随着人口红利的衰减，"中等收入陷阱"风险累积、国际经济格局和国内产业结构深刻调整等一系列内因与外因的作用，中国经济面临"三期叠加"的挑战，经济发展已进入"新常态"。

第一，"刘易斯转折点"加速到来，要素资源约束加剧。在发展中国家中普遍存在二元经济结构，在农村剩余劳动力消失之前，社会可源源不断地供给工业化所需要的劳动力，即劳动力的供给是无限的，同时工资还不会上涨，直到有一天，工业化把农村剩余劳动力都吸纳干净了，这个时候若要继续吸纳剩余劳动力，就必须提高工资水平，否则，农业劳动力就不会进入工业部门，这个临界点就叫作"刘易斯转折点"。改革开放以来，中国经济持续快速增长的一个重要推动力就是人口红利的持续释放。由于生产成本和国内劳动力工资低，制造业和加工业企业纷纷离岸外包到中国。但随着时间的推移，这一比较优势正随着我国人口结构的变化而在不断衰减。中国人口红利拐点的出现，至少带来三大后果：一是劳动力成本上升，劳动力成本比较优势逐步减弱；二是由于老龄人口增加，人口抚养比提高，储蓄率将会下降，推高资金成本；三是劳动力人口总量减少，带来"民工荒"等用工短缺问题。这三大后果直接导致中国潜在经济增长率的降低。从本质上讲，"刘易斯转折点"的到来，就意味着传统人口红利的消失。此外，要素资源的供给约束日益加剧，过去三十多年，我国过度依靠投资和外需的经济增长模式，已使得能源、资源、环境的制约影响越来越明显，可以说，要素的边际供给增量已难以支撑传统的经济高速发展，这也在客观上促使中国经济逐步回落到一个新的平稳增长区间。

第二，进入中等收入国家行列，面临"中等收入陷阱"风险。以"国民人均收入水平"来划分一个经济体的发展阶段，是经济学界的一种重要方法。按照世界银行 2008 年提出的最新划分标准，世界上的国家可以划分为"低收入国家""中等偏下收入国家""中等偏上收入国家""高收入国家"四种类型。人均国民收入在 975 美元以下的为低收入国家，中等收入国家的标准为 976～11905 美元，在这个当中还分了两个小组：一个是中等偏下收入国家，人均国民收入为 976～3855 美元，另一个是中等偏上收入国家，人均国民收入为 3856～11905 美元。从中国经济实践看，2016 年，我国人均 GDP 已超过 8000 美元，按照世界银行的标准已进入中等收入国家行列，正向高收入国家迈进。从拉美、东南亚一些国家的经历看，这些国家早在 20 世纪 70～80 年代就进入了中等收入国家的行列，但由于多数国家在向高收入经济体攀升的过程中，经济增长仍然依赖于发展成为中等收入经济体的战略、模式和方法，进一步的经济增长被原有的增长机制锁定，人均国民收入难突破高收入的下限，导致这些国家一直徘徊在中等收入的水平上，这就是"中等收入陷阱"。例如马来西亚，1980 年的人均国民收入在世界上的排序是第 84 位，到 2009 年排序为 89 位，20 年间基本没有发生太大的变化。发展中国家在摆脱贫困时，往往追求经济的快速增长，容易忽视技术进步、结构优化，以致出现经济与社会、城乡、地区经济增长与资源环境失衡和分配不公，结果出现社会危机或经济负增长、生态环境破坏、失业率增加、收入差距扩大等问题。"中等收入陷阱"的本质就是一个经济体从低收入进入中等收入之后，如果不能迅速有效地进行制度变迁和政策转化，形成新的增长动力，特别是农业产业化发展动力，那么就可能出现经济增长停滞，导致经济和社会问题丛生。此外，在低收入经济体和高收入经济体的两面夹击下，中等收入经济体极易被挤出国际分工体系，这种外部环境的恶化也会加剧经济增长的困境。站在新时代的转型发展起点上，我们必须集中精力，把自己的事情做好，努力跨越"中等收入陷阱"。

第三，体制机制障碍较多，全面深化改革进入攻坚期。从 20 世纪 70 年代末开始，在实事求是原则的指导下，依靠改革破除了制约生产要素优化配置和生产力发展的体制机制障碍，释放了潜在的制度红利，从而带来了生产力的解放、生产效率的提高和物质财富的增长，带来了中国经济发展的动力。但也得承认，尽管通过 40 年的改革开放，一些方面的改革已取得突破性的进展，但市场化导向的改革并没有彻底完成，很多地方还不到位。在农村，以新型城镇化为核心的土地制度、户籍制度、社会保障制度、投融资体制等领域的配套改革还处于起步阶段，生态农业产业化发展还需要进行供给侧结构性改革。此外，政府部门对微观经济活动的干预仍然较多，行政性审批方式在资源配置方面还占据很高地位。在市场起决定性作用的新常态下，政府职能需要重新定位和调整，需要理顺体制机制，实现行政流程再造。全面深化的供给侧结构性改革必定要触动原有的利益格局，但触动利益往往比触动灵魂还难。在改革起步阶段，由于改革带有"普惠式"，改革的深层次问题往往不会凸显出来，阻力较小，共识较为容易达成。新一轮改革已经越过了"帕累托改进"阶段，当时那些绕过去的、放在一边的矛盾和问题并不会因此而消失，相反可能随着改革推进而成为绕不过去的"拦路虎"。今天，这些累积的矛盾和问题，已经摆在我们的面前，躲不开也绕不过。换句话说，经济新常态下，改革已经进入深水区，进入攻坚阶段，改革的艰巨性、复杂性和纵深性在不断提升。

第四，经济面临"三期叠加"的挑战，发展面临新的选择。中国经济面临的挑战与选择，是当前我国各级政府和民间大众普遍关心的问题。中国经济发展目前面临着复杂的形势：一方面，经过40年的改革开放，中国的经济实力和国际地位都有了很大的提升，而且有着良好的发展前景；另一方面，中国又面临许多挑战。我国发展仍处于可以大有作为的重要战略机遇期，也面临着诸多矛盾叠加、风险隐患增多的严峻挑战。中央提出的"三期叠加"，正是这些矛盾、隐患和挑战的集中概括。

第一个"期"是"经济增长换挡期"。简言之，也就是经济增长速度下行。我国经济增长由高速增长进入中高速增长时期，经济由单纯的数量扩张型发展转向高质量发展阶段，注重经济内在潜质的提升和产业结构的优化。在农业方面就是由一般性的农业向生态农业产业化、绿色化、现代化发展，构建新时代生态农业现代化经济体系。

第二个"期"是"结构调整的阵痛期"。在2006年制定"十一五"规划的时候，就发现存在明显的"经济结构失衡"。产业结构的失衡主要表现为"重重轻轻"，服务业严重落后。农业发展表现为绿色产业化发展与一般产业化发展失衡。内部经济结构失衡主要表现为投资率畸高和消费率过低。外部失衡则主要表现为外汇结余的大幅度增加，造成了货币超发和资产市场泡沫生成，现实表明，实现结构优化变得越来越迫切了。实现经济结构的再平衡需要付出的代价、忍受的痛苦成为今日的负担。

第三个"期"是"前期刺激政策消化期"。长期以来，人们总是偏好于用增加投资的刺激政策来保持高增长率。近年来，刺激政策的副作用变得越来越明显，其中最突出的表现是资产负债表中的负债迅速积累，为了避免债务积累导致局部性乃至系统性的风险，必须动用资源加以消化。

中国经济面临新的选择，创新、协调、绿色、开放、共享发展成为新的发展理念和发展方式。在新发展理念指导下，经济新常态是全方位优化升级。经济增长由高速向中高速转换，增速转换是中国经济新常态的基本特征；发展方式从粗放增长向集约增长转换，发展方式转变是中国经济新常态的基本要求；产业结构由中低端向中高端转换，产业结构升级是中国经济新常态的主攻方向；增长动力由要素驱动、投资驱动向创新驱动转换，增长动力转换是中国经济新常态的核心内涵；资源配置由市场起基础性作用向起决定性作用转换是中国经济新常态的机制保障；产品结构由"浅绿色"向"深绿色"转换，是绿色经济的必然结果；经济福祉由"先好先富型"向"包容共享型"转换，经济福祉转换是中国经济新常态的发展结果。

综上所述，"新常态"已经成为国际金融危机后全球经济复苏的描述，成为观察和刻画经济运行状况的新视角。认识新常态，适应新常态，引领新常态，实施供给侧结构性改革的战略，是当前和今后一个时期我国经济发展的大逻辑。

（2）供给侧结构性改革为生态农业绿色发展带来新的机遇。党的十八届五中全会通过的《中共中央关于制定国民经济和社会发展第十三个五年规划的建议》，提出了发展现代农业的重大历史任务。实施农业供给侧结构性改革，体现了"重中之重"战略思想、统筹城乡发展方略重要论断的要求，不仅使共产党指导"三农"工作的思想和理论更加完善，而且使农业和农村经济发展的方向、目标和任务更加明确具体。它使农业和农村经济发展的宏观环境特别是政策环境进一步优化，使解决"三农"问题真正成为全社会的共同任务。这将进一步激发和调动广大农民的积极性和创造性，推动农业和农村经济又好又快地发展，为生态农业绿色发展创造了良好的外部政策环境。

（3）城镇化特别是特色小镇建设速度加快为生态农业绿色发展提供了有利条件。2017年，我国城镇化率达到55%，农业增加值占国内生产总值的比重下降到9%以下，全国财政收入突破8万亿元大关。在这种情况下，国民收入分配格局有条件更多地向农业和农村倾斜，各种资源有希望更多地投向农业和农村领域。国民经济迈向中高端水平，人们消费需求和消费结构的变化、工业化、城镇化，特别是特色小城镇建设速度的加快，以及科学技术水平的提高，为加速传统农业向现代农业的转变、农业经济结构的优化和绿色产业的转型升级提供了强大的动力和物质基础。

（4）社会主义市场体制的不断完善为生态农业绿色发展提供了有力的制度保障。市场经济体制的逐步健全，市场配置资源决定性作用的进一步发挥，国家宏观调控能力进一步增强，政府公共管理与服务职能进一步强化，这将为生态农业绿色产业化发展注入新的活力。此外，农村各项改革的全面深化，城乡统一的市场体系逐步形成，城乡二元经济社会结构逐步弱化，都为生态农业绿色产业化发展提供了有利的体制环境。

（5）经济全球化进程的不断加快为生态农业绿色发展开辟了更加广阔的空间。经济发展的全球化进程不断推进，资源和生产要素在全球范围内流动和重组，不仅为引进国外资金、技术与服务，促进我国农业科技进步和绿色产业转型升级创造了有利条件，而且为发挥比较优势、扩大农产品出口、加快农产品市场准入与国际接轨、提高农产品的标准化水平创造了有利的条件，从而为我国生态农业绿色发展开拓国外市场和利用境外资源开辟了广阔空间。

二　生态农业绿色发展的条件

1. 家庭联产承包经营是生态农业绿色发展的制度基础

坚持以家庭联产承包经营为基础、统分结合的双层经营体制，不仅保持了集体土地等生产资料的所有权，而且具有生产服务、协调管理、资源开发、兴办企业、资产积累等统一经营职能。这种经营体制有利于农民生产经营自主权的发挥，有效地克服了管理过分集中和分配上的平均主义，使农户承包经营的积极性和集体统一经营的优越性得到充分体现。生态农业绿色发展以家庭经营为基础，既是农业生产规律决定的，也体现了生产关系一定要适应生产力发展要求的规律。以家庭联产承包经营为基础、统分结合的双层经营体制，能够容纳不同水平的农业生产力，具有广泛的适应性和旺盛的生命力，不存在生态农业绿色产业化发展水平提高以后就要改变家庭经营承包的问题，这已被我国生态农业绿色发展的实践所证明。生态农业绿色发展及产业化经营，不受部门、地位和所有制的限制，把绿色农产品的生产、加工、销售等环节连成一体，形成有机结合、相互促进的组织形式和经营机制，这不仅不动摇家庭经营的基础，不侵犯农民的财产权益，而且能有效解决分散的农户进入市场、运用现代化科技和扩大经营规模等问题，能够提高绿色生态农业经济效益和市场化程度，是我国农业逐步走向现代化的有效途径之一，是在坚持我国农业和农村基本经营体制基础上的重大创新。

2. 农户和专业合作社是生态农业绿色发展的经营主体和基础

农民组织化既是生态农业产业化发展不可或缺的先决条件，又是实现生态农业绿色发展的重要目标。农户是市场中的微观经济单位，也是市场的主体，在生态农业绿色发展进程中发挥着重要作用。但是，单个农户的经营规模小、市场信息闭塞、推广新品种新技术难度大、交易成本高，这种经营方式已不能适应生态农业绿色发展的实际需要，必须探索一种提高农民组织化程度的经营方式以有效降低交易成本和信息成本，提高生态农产品的加工转化率和增值率。为了提高农民的组织化程度，要建立各种各样的农民合作组织，如专业合作社、农民专业技术协会、农民合作协会，或者健全的社区绿色合作经济、绿色的集体经济组织，或者其他形式的绿色服务组织。这些组织不仅是生态农业绿色发展的载体，也是农户联系市场的桥梁和与龙头企业建立平等交易关系的纽带。

3. 完善的利益分配和保障机制是生态农业绿色发展的机制条件

生态农业绿色发展的目的，是实行绿色农产品产加销一体化经营，使外部经济内部化，扩大绿色农产品生产、加工和销售的批量规模，提高农产品质量，减少中间环节，降低交易成本，增强整体竞争力，产生新的经济增量。生态农业绿色发展牵涉龙头企业、农民与服务组织的"风险共担、利润共享"的利益分配机制，能够有效降低农民的自然风险和市场风险，提高参与农户和龙头企业的经营效益，增强和提高生态农业自我循环、自我约束、自我积累、自我发展的能力和水平。

4. 商品生产能力是生态农业绿色发展的物质条件

生态农业绿色发展及产业化经营，不是说任何地方、任何领域都要立即实现生态绿色农业产业化经营，生态农业产业化经营需要具备一定的基础和条件，不能一哄而上，也不能搞"拉郎配"。不具备条件的地方和领域，采用行政安排的手段推行生态绿色产业化经营，最终会以失败收场。较早实行生态绿色产业化经营并取得成功的多集中在生态绿色食品产业发展较好的经济发达地区和市场化程度较高的领域。这说明，生态绿色农产品的商品化生产已有一定程度的发展或具备发展潜力是生态农业绿色发展的必备条件。

5. 公平竞争的市场秩序是生态农业绿色发展的环境条件

无论什么地方、什么产品，只要有垄断，环节增多，交易成本增加，就会使生态农业产业化发展受到限制。目前，我国经济体制已经实现了由计划向市场的成功转型，社会主义市场经济体制不断完善，可以自由购销各种生态绿色农产品，不存在政府或经济部门对市场、购销和价格的垄断。随着我国社会主义市场体制机制的进一步健全和完善，绝大部分地区已具备实现生态农业绿色发展的市场条件。

6. 产品结构优化是生态农业绿色发展的产业条件

调整生态农产品结构，优化绿色农业内部产业结构，为生态农业产业化发展提供充足、优质的原料，是生态农业产业化发展的动力。因此，必须加快调整农产品的产品结构，促进农产品向生态化、有机化、优质化发展，由种植业为主的单一结构向以高效优质的林、牧、渔综合发展的产业结构转变，通过配制主导产业，增强生态农业绿色发展及其产业结构的转换能力；努力发展绿色农产品精深加工，促进以绿色农产品加工为主体的乡镇企业的发展，加快形成生态绿色农业体系和实现绿色农业高附加值化的重要载体——绿色农业产业化龙头企业的建立。因此，着力调整和优化我国绿色农业产业结构，促进绿色农产品精深加工，提高我国绿色农产品附加值，是发展区域性绿色农业产业化的重点。

7. 政策支持体系是促进生态农业绿色发展的外部条件

生态农业绿色发展作为一项制度和产业结构创新，势必引起社会利益的重新分配和重组。因此，需要政府采取政策措施扶持其发展，尤其要加大资金扶持力度，加速农村社会化服务体系的构建；改造现有的专业经济技术部门，重建乡村集体或合作经济服务组织，加强政府对绿色农业的物资、装备、技术和人才等方面的支持，加强政府宏观产业政策的支持，也是绿色农业产业化发展的必备条件。

以上是生态农业绿色产业化发展所需要的条件，但就一个地区而言，不可能同时具备所有的条件，这就决定了生态农业绿色产业化发展是一个循序渐进的过程，不可能一蹴而就。在其他发展条件相同的条件下，市场经济发育程度越高、农村社会化服务体系越健全，生态农业产业化就发展得越快，越能全面发挥其功能。

第三节 新型农业经营主体培育创新研究的基本问题

党的十九大报告提出："实施乡村振兴战略。培育新型农业经营主体，健全农业社会化服务体系，实现小农户和现代农业发展有机衔接。"[①] 乡村振兴的根本是产业振兴，产业振兴的主体是新型农业经营主体。因此，培育新型农业经营主体，是乡村振兴的重中之重，这是党中央实现两个一百年的重大战略决策。在实践中，新型农业经营主体培育创新表现为生态农业产业化、产品商品化、布局区域化、经营一体化、服务社会化、管理企业化、利益分配合理化等。

一 新型农业经营主体培育创新研究的基本内容

1. 新型农业经营主体培育创新的理论分析架构

新型农业经营主体是指以家庭承包责任制为基础，从事农产品商品化生产、加工销售和服务，具备良好的农业生产管理水平和生产技术水平，实现农业生产经营规模化、专业化、集约化的个人或组织。要求我们分析总结出国内外新型农业经营主体培育创新与发展的经验和启示，然后指出现阶段新型农业经营主体的类型，最后阐述新型农业经营主体的理论依据。

2. 新型农业经营主体培育现状研究

通过对部分区域新型农业经营主体发展进行调研分析，以湖南省为例，2013 年，湖南农业产业化省级以上龙头企业总数达 429 家，其中，国家重点龙头企业 47 家，省级龙头企业 382 家。湖南各级各类农业科研教育机构 106 个，平均每年向社会输送农业科技人员 5000 多人，培训各类实用农业科技人员 100 多万人次，为新型农业经营主体培育提供了人才支撑。2017 年，湖南农业合作社已发展到 45000 家左右，入社农户占全省农户总数超过 30%，种养大户达 8.5 万家。全省初步形成了"龙头企业＋合作经济组织＋

---

① 习近平:《决胜全面建成小康社会 夺取新时代中国特色社会主义伟大胜利——在中国共产党第十九次全国代表大会上的报告》，人民出版社，2017，第 32 页。

种养大户"的农业产业化经营格局。从现阶段新型农业经营主体发展的总体情况看，农业产业化绿色发展速度还不够快，新型农业经营主体培育的力度还不够大，必须从制度体系、培育主体经营者、创新三个角度分析新型农业经营主体发展存在的问题，分析成因和产生的结果。

3. 新型农业经营主体培育创新的重点任务

结合新型农业经营主体发展现状和存在问题，通过数据和理论分析，提出新型农业经营主体培育创新的三大重点任务。一是管理创新，培育新型农业经营主体创新动能，主要研究问题：对农民进行生态环境保护意识的推广，现代农业技术推进，强化社会化分工协作。二是优势指导，建设基于优势取向的职业化和绿色化农民自我发展能力和自我积累能力，主要研究问题：职业化发展信心（职业农民潜能评估、文化评估、资产和资源评估），专业技术提升（专业基础理论知识、专业科技动态、专业技能、技术工作），绿色理念与知识的提升（绿色产业、生态经济、绿色资源、绿色要素）。三是"投入理解"，改善新型农业经营主体区域境遇，主要研究问题：社会认同，让社会对农民这个职业尊重，让老百姓对农民认同；制度认同，政府应出台关于农民的规章制度和评级制度，保障农民权益；资源渠道畅通，对农民的生产资源供给提供政策扶持，如农药、化肥、土地转让等，减少高新技术壁垒，让农民准确、便捷地使用大型机械设备。

4. 探索新型农业经营主体培育创新路径

立足生态农业产业化发展，培育经营主体"特而强"，产业功能"聚而合"，组织形式"小而美"，体制机制"新而活"，将农业产业化创新性供给与个性化需求有效对接，以湖南为基点，打造湖南农业产业化发展创新创业平台，构建新型农民职业体系，对职业农民进行专业技术引导，实现现代农业规模化发展。

5. 建立和完善新型农业经营主体培育创新的支持体系

从政策、金融、法律、人才四个方面建立和完善新型农业经营主体培育创新的支持体系。立足湖南资源、区位环境、湖湘文化、产业集聚等特点，重点推动湖南特色优势主导产业发展，支持农业产业链延伸和价值链提升。制订湖南省农民职业化发展五年规划，包括指导思想、原则和目标、培育要求、主要任务、组织实施、政策支持等。重点规划对新型农业经营主体培育创新的人力资本投资的投入政策、管理政策、服务政策、环境政策等组成的政策体系，农业生产的产前、产中、产后服务的社会化服务体系，提出社会投资推进湖南美丽乡村建设的适宜模式、路径及方式。

二　新型农业经营主体培育创新研究概述

1. 新型农业经营主体产生的原因、培育方式研究

随着社会主义市场经济的发展，家庭经营制度下的小生产、小流通、分散经营等市场化程度较低的经营方式已经成为制约农民增收和农村经济发展的瓶颈。当前城乡分工分业加速调整，农业人口持续向城镇转移，给农业发展带来严峻挑战，今后"谁来种地""以什么方式经营农业"已经成为重大课题，创新农业经营体制机制迫在眉睫。新型农业经营主体健康发展对提高农业生产的专业化、标准化、规模化、集约化经营水平有重要作用。培育新型农业经营主体要加大政策和资金扶持力度，提高新型主体发展效率；加快土地流转，满足新型经营主体发展要求，完善农业综合服务体系建设，发挥农业新型经营主体服务功效。

2. 新型农业经营主体行为变化、权力保护与制度完善的研究

目前的研究主要集中在以下几点。一是经营主体农户的行为决策可能发生的变化。相关研究者认为在新一轮农地确权实施过程中，面对农地产权不稳定等问题，农户可能提出各种诉求并采取相机抉择，因而必须完善相关农地制度，强化农地保护。面对各种不确定性，农户联合成立并加入合作社成为一种可能的选择。二是农户能否成为合作社成员既取决于农户自身的入社需求，更有赖于合作社对其的吸纳意愿。三是"弱者联合"存在的问题和未来走向。四是专用性投资是农户"隐性违约"的抑制因素，具有通用性质的经验变量是农户投资由专用性转变为专有性的重要条件。五是贫困发生率、劳动力受教育程度、劳动力闲置情况、基层干部数量和素养对农业新型经营主体的作用不容忽视。

3. 土地流转、市场逻辑、影响因素的相关问题研究

随着振兴乡村战略的实施，新型农业经营主体培育创新的理论与实践日渐受到各级政府的重视和学术界的关注。农村劳动力的快速流动、以土地均分为特征的承包制留下了农业规模化发展的问题。由此，通过鼓励农

地经营权的流转与集中，改善农地规模经济性，推进农业经营方式转型，就成为必然选择之一。目前的研究主要集中在以下几个方面。一是农地确权加剧了农户土地的禀赋效应。基于全国 9 个省 2704 户农户的问卷调查数据发现，农地确权加剧了农户土地的禀赋效应，不仅未能有效促进农地流转，反而抑制了农地流转。二是农地流转有着特殊的市场逻辑。农地流转市场不是单纯的要素流动市场，农地的人格化财产交易不同于一般产权交易。三是村庄外出务工比例和经营达到一定规模时对土地流转规模有正向显著影响。四是与转入土地的传统小农户相比，仅有部分规模经营主体实现了农业生产效率的提高。

虽然学术界对新型农业经营主体进行了多方面的研究，也都认识到了新型农业经营主体的发展对于我国经济发展的重要性，并充分意识到新型农业经营主体培育创新存在的障碍，并提出了许多有效的对策，但仍然存在以下几个方面的不足。第一，国内学术界关于新型农业经营主体培育创新的研究大多停留在问题描述层面，谈产权优化、强化、改革的主体培育较多，讨论具体操作方案的较少；第二，关注理论运用的多，关注农民主体利益务实运用的少，农村工作与农业经营主体之间的连接点尚未真正建立；第三，对于新型农业经营主体发展所面临的特殊风险和转型期农业生产的特质性，以及由此带来的职业农民农业产业化融入的特殊性缺乏深入和系统的分析。

三　新型农业经营主体培育创新的经营模式

新型农业经营主体培育创新涉及面广，构成要素多，是一项复杂的系统工程。从经营模式来看，主要包括生态农业龙头企业、中国特色家庭农场、公司＋生产基地＋农户、专业化农业合作社、经营性农业服务组织五种形式。其培育创新主要包括生态农业绿色发展创新、体制机制创新、发展方式创新、主导产业培育创新等。

1. 生态农业龙头企业的经营模式

绿色发展中的生态农业龙头企业，是连接农户与市场的纽带，肩负着开拓市场、创新科技、带动农户和促进区域生态农业发展的重任。发展基础好、辐射效应佳、带动能力强的绿色农产品加工、销售企业，或企业集团、合作经济组织、专业化交易市场、"产学研"联合组织等都可以成为生态农业龙头企业。在其发展过程中，生态农业龙头企业具有自身特有的运行机制。依据不同的标准，生态农业龙头企业类型的划分也不同，按其在生态农业产业化过程中所处的环节和起的作用不同，可以将其分为加工型龙头企业、销售型龙头企业和服务型龙头企业等。为了充分发挥生态农业龙头企业的作用与功能，生态农业龙头企业不但要从观念、制度、技术等多方面加快自身创新步伐，还要构建与农户间的良好合作关系，不断推进生态农业市场化进程。

2. 中国特色家庭农场的经营模式

家庭农场是以家庭成员劳动力为核心，以家庭经营为基础，从事规模化、商品化、集约化为一体的农业生产，并以农业收入为家庭经济收入来源的新型农业经营主体。这一新型经营主体是对"统分结合、双层经营"的农村基本经营制度的完善，是新常态下农村生产关系调整而产生的经营组织模式。在中国特色家庭农场的探索实践中，涌现出一系列具有代表性的发展模式，如浙江宁波、上海淞江、吉林延边、湖北武汉、安徽郎溪等地的发展模式。这类家庭农场是具有"中国特色"的新型适度规模农业生产经营的主体，是符合中国农业"历史沿革"与"时代诉求"的生产经营模式。首先，中国特色家庭农场是对"统分结合、双层经营"的农村基本经营制度的丰富和发展，是新常态下农业生产关系的调整和适应。其次，二元经济结构下农业比较利润低下的低端锁定状态，迫使中国不得不探索和建设新型、规模化的农业生产经营主体，以承载农村劳动力转移造成的巨大生产压力，并通过农业的自我"造血"为生态农业绿色发展提供持续动力。此外，农村劳动力的有序转移、土地流转制度的不断完善、政府支持措施的不断深化，为发挥中国特色家庭农场的制度优势提供了合意的空间及土壤。

3. "公司+生产基地+农户"的经营模式

农产品经营公司是农业产业化发展的载体和必要条件，生产基地建设是生态农业产业化经营的重要组成部分。生态农业生产基地是指产地环境质量符合绿色农产品生产有关技术条件要求，按照绿色农产品技术标准、生产操作规程和全程质量控制体系进行生产管理，并具有一定规模的种植区域和养殖场所。生态农业生产基地建设，要坚持多元主体、资源先决、市场需求、规模适度、科学高效、生态环境保护原则，并依照以下程序进行，即基地选择、基地规划、人员培训、制订生产技术与质量管理方案、获得绿色农产品生产许可证书、绿色农产品营销。生态农业生产基地建设的内容既包括一些硬件设施，也包括一些软件的管理体系，硬件设施是生态农业生产基地建设的物质基础，管理体系是生态农业生产基地的运行保障。生态农业生产基地建设必须立足各地农业自然资源优势和现有生产基础的升级改造，以建设科技含量高、产地环境"绿色"的生产基地为方向，加快最适宜区的综合配套体系建设，带动区域生态农业产业跨越式发展。

农户是按照绿色农产品的标准和生产要求，在未受污染、洁净的生态环境中，通过先进的栽培、养殖技术，最大限度地控制和减少对绿色农产品和环境的污染，并最终获得无污染、安全的绿色农产品和良好生态环境的单元主体。生态农业产业化主导产业，上连市场，下接农户，把生产基地和市场紧密结合起来，将生产者、加工者与供销者紧密地结合成一个"风险共担、利益共享"的共同体，并带动基础产业、辅助产业和关联产业的发展，逐步形成种养加、产加销、技工贸有机结合的产业群体，促进生态农业生产向产业化方向发展，并取得产业化的生态效益和经济效益。

4. 专业化农业合作社的经营模式

专业化农业合作社是以生态农业产业化为基础，以农户利益为基点，以专业化生产为前提的新型农业经营主体。农业合作社可以通过中介作用有效维护农民利益，节省交易成本，降低经营风险。在生态农业产业化初级发展阶段农民已经意识到产业化经营的优越性，但不愿意龙头企业拿走大部分利润，他们开始寻求维护自己利益的方式。因此，此时产业化经营的主要目的还停留在把分散的农民组织起来并带动农民增收这一层次上。合作社是真正意义上农民自己的组织，与农户在根本利益上是一致的，它代表社员的利益。农户通过合作社这一组织改变了在市场竞争中的弱势地位，在市场中的谈判地位得以提高，农户通过自己的组织实现了在与龙头企业的合作中获得更多利润的目的。另外，合作社的成功常常得益于在合作社范围内成员之间的相互了解和信任，所以合作社能够在一定程度上对分散农户的机会主义行为进行监督和约束，而由于合作社的组织性，龙头企业也不敢再冒违约的风险。

5. 经营性农业服务组织的经营模式

经营性农业服务组织是指在农业生产前、生产中和生产后，为农业生产提供自身配套服务的经济组织，包括专业性服务集团、农业产业化服务公司、专业性服务队和农业经理人等。经营性农业服务组织依靠社会化服务方式，采用互联网＋的手段，为生态农业绿色发展提供全方位、全产业链、全价值链的产业化、规模化、集约化、绿色化的服务。经营性农业服务组织的作用是依靠专业化服务和市场机制的要求，为生态农业绿色发展的质量变革、效率变革和动力变革奠定基础和创造条件。

四 新型农业经营主体培育与生态农业科学布局及发展模式

1. 新型农业经营主体培育与农业产业化发展的科学布局

生态农业绿色发展布局，能为新型农业经营主体培育和农业产业化发展指出前景、描绘蓝图。科学合理的布局能给生态农业产业化发展指明方向和道路，有利于发挥地区比较优势、资源优势和产业优势。自然条件对生态农业产业化规划布局的影响最直接，影响的自然条件主要是气候、地形和土壤等；影响的技术条件主要包括绿色农业工艺技术、绿色农业技术装备和劳动者素养三个方面；市场因素及其变化、消费结构及竞争环境的变化等社会经济条件也影响着绿色农业规划布局。绿色农业产业规划布局，要按照科学发展生态农业现代化经济体系的要求，紧紧围绕农业和农村经济发展的战略任务与发展目标，加快实施"转变、拓展、提升"三大战略，转变发展观念，创新发展模式，提高发展质量，加快绿色农业发展步伐，促进生态农业产业化健康发展。生态农业产业化发展规划布局，要从多个方案中选择，注重长远利益，将传统的规划程序加以完善并集成优化，以优势挖掘、战略定位、布局优化、资源整合为程序优化的指导思想，遵循"组建团队→前期准备→现场调研→分析研究→形成初稿→座谈讨论→征求意见→专家评审→修改定稿→跟踪评价"的规划工作流程，加强生态农业产业化过程中的县域经济发展、农业结构调整与区域发展模式的规划布局。

当前，我国农村社会经济发展已进入了统筹城乡一体化发展，推进实施乡村振兴战略，实施农业供给侧结构性改革的新时期。推进区域生态农业产业化布局，对于培育新型农业经营主体，积极发展绿色农业、繁荣农村经济，具有十分重要的现实作用和长远意义。要积极发展农业产业化与开放型、工农互补型、多功能性的生态型、绿色高新技术与集约型、城乡融合型等多种模式。

2. 新型农业经营主体培育与生态农业绿色发展的主要模式

在生态农业发展的实践过程中，生态农业的发展模式是多种多样的。对生态农业模式的分类可以从多角度进行分析。从产业的视角来看，生态农业可以分为生态种植、生态林业、生态渔业等；从自然地理条件的视角来看，生态农业可以分为平原型生态农业、山区型生态农业、丘陵型生态农业、草原型生态农业、庭院型生态农业等。李金才等学者根据资源、物质循环的利用方式，生物之间、生物与环境之间以及系统结构、功能关系，将生态农业绿色发展模式分为物质多层利用型、生物互利共生型、资源开发利用与环境治理型、观光旅游型四种模式①，以下分别予以介绍。

（1）物质多层利用型生态农业模式。这是一种以农业生态系统的能量流动和物质循环规律为基础的生态农业模式，通过增加生产环和利益环将单一种植、高效饲养以及废弃物综合利用有机地结合起来，在系统内做到物质良性循环，能量多级利用，达到高产、优质、高效、低耗的目的。在这种模式中一个环节的产出是另一个环节的投入，废弃物在生产过程中得到多次利用，形成良性循环系统，从而获得更高的资源利用率和最大经济效益，并有效防止了废弃物对农村环境的污染。该类型又可分为沼气利用型、病虫草防治型、产业链延长增值型三种。

一是沼气利用型生态农业。沼气利用型生态农业是以农业生产为基础的家庭经济发展类型，它以沼气为纽带，利用食物链加环技术，将种植业、养殖业以及加工业联系在一起，通过增加畜禽饲养和沼气池厌养发酵，将传统的单一种植、高效饲养以及废弃物综合利用有机地结合起来，在农业系统内实现能量多级利用，物质良性循环。

二是病虫草防治型生态农业。利用生物防治技术，通过选用抗病虫草品种，保护天敌，以虫或菌来防止病虫草害，选择高效、低毒、低残留农

---

① 李金才、张士功等：《我国生态农业模式分类研究》，《中国生态农业学报》2008 年第 5 期。

药，改进施药技术，保证农作物优质、高效、安全的模式。

三是产业链延长增值型生态农业。这种模式以经济效益为中心，以农业可持续发展为目标，将农业生产中主产品或副产品加工增值，从而增加农业产值，并努力使生态农业产业化，促进产、加、销、贸一体化的农业生产模式形成，如青贮玉米—饲养模式、玉米—猪—肉罐头模式等。

（2）生物互利共生型生态农业模式。这种模式利用生物群落内各层物种的不同生态位特性及互利共生关系，分层利用空间上多层次、时间上多序列的产业结构类型，使处于不同生态位的各生物类群在系统中各得其所、相得益彰、互惠互利，充分利用太阳能、水分和矿物质营养元素，实现对农业系统空间资源和土地资源的充分利用，从而提高资源的利用率和生物产品的产出，获得较高的农业经济效益和生态效益。该模式又有以下几种具体形式。一是农林间作或混林生态模式。农业生产在整体依据水、温、土、地貌等条件确定适宜树种及其密度，在小地块上则按种群生态与生态位原理加以合理配置协调发展。如"林果－粮经"主体生态模式、"林果－畜禽"复合生态模式等。二是种养配套互补的循环模式。运用生态学边缘效应，将两个或两个以上的子系统有机地连接起来，使某个子系统的部分输出成为另一子系统的有效输入，从而发挥系统的整体效益，如稻－草－鹅（鱼）模式等。[1]

（3）资源开发利用与环境治理型生态农业模式。这种模式依据生物与环境相互影响的原理，以生态农业效益为主，兼顾经济效益，运用生态经济原理指导和组织农业生产，保护和改善农业生态环境与生产条件，提高农业综合生产能力，把人类农业生产活动纳入生态循环链内，参与生态系统的生物共生和物质循环，以求生态、经济和社会效益协调发展。这种类型主要包括环境治理型和资源开发型两种。

一是环境治理型生态农业。采用生物措施和工程措施相结合的方法综合治理水土流失、草原退化、沙漠化、盐碱化等生态环境恶化区域，通过植树造林、改良土壤、兴修水利，农田基本建设等，并配合模拟自然顶级群落的方式，实行乔木、灌木、草结合，建立多层次、多品种的复合群落

---

[1]　刘兴、王启云：《新时期我国生态农业模式发展研究》，《经济地理》2009 年第 8 期。

生物措施，是生物措施与工程技术的综合运用模式。

二是资源开发型生态农业。该模式主要分布在山区、沿海滩涂以及平原水网地区的荡滩，这些地区农业发展潜力较大，有大量自然未得到充分开发或很好的利用。我们应通过因地制宜、全面规划、综合开发，利用改造荒山、荒坡、荒滩、荒水，实行资源开发与环境治理相结合，治山与治穷相结合，全面促进环境建设、生产建设和经济建设。该模式适用于农业发展潜力大、生态环境好、资源丰富但未得到充分开发或利用的地区。

（4）观光旅游型生态农业模式。这种模式主要运用生态经济学原理，将生态农业建设和旅游观光结合在一起。在交通发达的城市郊区或旅游区附近以本土山水资源和自然景色为依托，以农业作为旅游的中心，根据自身特点，将旅游观光、休闲娱乐、科研和生产结合为一体。观光旅游型生态农业模式是一种新的园林形式，是近年来新兴的城郊农业发展模式。该模式以市场需求为导向，以农业高新技术产业化开发为中心，以农产品加工为突破口，以旅游观光服务为手段，在提升传统产业的同时，培植名贵瓜、果、菜、花卉和特种畜、禽、鱼，并发展第三产业，同时进行农业观光园建设，让游客在旅游中认识农业，了解农业，热爱农业。根据农业观光园的应用特点将其分为观光农园、农业公园、教育农园三类。

一是观光农园型生态农业。以生产农作物、园艺作物、花卉、茶等为主营项目，让游人参与生产、管理及收获等活动，还可欣赏、品尝、购买的园区观光生态农业园。它又可细分为观光果园、观光菜园、观光花园、观光茶园等。如北京朝阳农艺园、河南世锦花木公司等。

二是农业公园型生态农业。其农业生产、农产品销售、旅游、度假、食宿、购农产品、会议、娱乐设施等方面比较完善，注重人文资源和历史资源的开发，是一种综合性的农业观光园。

三是教育农园型生态农业。既兼顾农业生产、农业科普教育，又兼顾园林和旅游的园区可称为教育农园。其园内的植物类别、先进性、代表性、形态特征和造型特点不仅能给游园者以科技、科普知识教育，而且能展示科学技术就是生产力的实景；既能获得一定的经济效益，又能陶冶人们的情操，丰富人们的业余文化生活，从而达到娱乐身心的目的。如深圳的世界农业博览园、上海孙桥的现代农业开发区等。[①]

五　新型农业经营主体培育创新的运行机制

生态农业绿色产业化发展的实质是绿色新型农业经营主体培育及其相互关系的创新，是绿色农业在新的农产品消费环境下的新型农业经营主体创新。其基本含义是指运行利益机制，依托生态农业产业化主体，将绿色农产品生产、供应、营销、服务等环节连为一体，进行市场化运作的生态农业产业组织形式和经营方式。通过建立与生态农业产业化发展相适应的经营组织模式，可以妥善解决生态农业发展中"小生产与大市场"的矛盾，以及小生产与生态农业产业规模化、标准化、集约化发展不相适应的问题；可以实现生产要素和环境资源的合理匹配，生产有市场潜力的绿色农产品，提高绿色农业生产效率，节约生产资金，为农村剩余劳动力创造再就业机会。新型农业经营主体培育的创新，应依据不同地区的绿色农产品和生态农业产业的特点，通过产业链条的延伸，形成产加销、贸工农一体化经营的体系。当前，我国生态农业产业化经营组织形式，总体可分为小农生产和大农经营两大类型。小农生产是指在家庭承包制基础上的以一家一户经营为主的农业生产方式；大农经营则是以企业或家庭农业为单位，且具有较大资本规模的经营活动。从农业产业链和生产要素的结合上看，大农经营组织形式的创新，又可细分为三种组织形式：契约一体化组织形式、纵向一体化组织形式和横向一体化组织形式。

生态农业产业化运行机制决定生态农业产业化经营是否存在，以及进一步创新的方向，要使生态农业产业化持续稳定地发展，必须建立科学合理的运行机制。生态农业产业化运行机制包括投入机制、利益机制、约束机制、保障机制等。生态农业产业化发展的资金需求量大，必须广辟资金来源，形成资金合力。科学合理的利益机制，是生态农业产业化发展各主体在各个经营环节上实现利益平衡的有效手段。维护生态农业产业一体化经营组织内多元主体之间的互利互惠关系，确保生态农业产业化组织正常运行，必须依靠相应的约束机制。要从组织保障、调控诱导、技术保障、

[①]　李金才、张士功等：《我国生态农业模式分类研究》，《中国生态农业学报》2008 年第 5 期。

投资保障、监测预警、风险防范等方面完善生态农业产业化保障机制。

六 新型农业经营主体培育的财政金融支持与产业集成

新型农业经营主体培育与生态农业绿色发展及供给侧结构性改革离不开财政金融的大力支持，它们之间既相互促进又相互制约。当前资金"瓶颈"的制约，严重阻碍生态农业产业化健康发展。财政支持生态农业产业化发展，必须在 WTO 农业协议允许的范围内进行。要在绿色农业技术培训、绿色农业基础设施建设、扶贫、绿色农业生态环境建设、绿色农产品质量体系及检验检疫体系建设等方面，加大资金投入力度，积极发挥财政资金的引导作用。生态农业产业化发展的资金支持，是在政府部门宏观调控和严格监管的基础上，通过发挥市场机制直接配置资源的作用，结合生态农业产业化发展过程中的具体情况，在保证金融机构最大化自身利益的同时，最大限度地满足生态农业产业化发展对金融产品和金融服务的需求，从而实现金融产业和生态农业产业化的融合发展。结合农村金融发展的具体特点，合理的生态农业产业化金融支持体系应该由政策金融支持、商业金融支持、合作金融支持和民间金融支持四种类型的支持构成。

生态农业是产业集成的一种延伸模式，农业产业集成实现生态化发展就是要实现农业与产业集成的互动，形成农业一体化和复合化发展，最终实现良性循环的新型生态农业发展模式，即具有生态化特征的农业产业集成。以生态经济、产业集成相关理论为依据，生态农业产业集成是指在生态农业发展过程中，以可持续发展理论为指导，在一定地域或产业所形成的特定领域内，相互关联的企业与机构的生态农业产业群。从生态学角度看，生态农业产业集成可以视为一个有机生命体，其要遵循生物由个体到种群再到群落的发展过程，在一定程度上具备了生物群落的生态属性，具有集聚效应、扩散效应和涌现效应。面临生态农业产业集成的诸多困境，生态农业产业集成的实现要从生态农业产业集成的动力机制、创新系统、政府作用、支撑体系等多方面发力，以实现其目标。

七 新型农业经营主体培育创新与国际化道路

新型农业经营主体培育创新是实现生态农业可持续发展的战略选择。

国家对新型农业经营主体的培育，既是农村经济健康发展的要求，也是生态农业产业化顺利实施的根本保障。新型农业经营主体培育创新是实施乡村振兴战略的重大举措，是党和国家对生态农业产业化发展进行全局性、长远性和根本性的筹划和决策，是根据生态农业产业化整体发展的分析、判断而作出的重大而具有决定意义的谋划，其核心是要解决特定时期内绿色产业化发展目标与实现这一目标的途径以及经营模式选择的问题。今后较长时期内，加快生态农业绿色发展，要根据无公害农产品、绿色食品和有机食品"三位一体、整体推进"的乡村振兴战略部署，按照总体性与层次性、阶段性相结合的思路，有重点地构建生态农业产业化乡村振兴战略目标体系。建立生态农业生产基地、培育生态农业产业化主导产业，最终要落到新型农业经营主体培育创新。

生态农业产业国际化发展是经济全球化发展的客观要求，也是促进我国农业现代化的重要途径。农业国际化发展是生态农业产业化发展到一定阶段进行经营方式变革和经营主体创新的结果，这种创新的方向和目标，就是发展外向型生态农业，实施"引进来"和"走出去"战略。新型农业经营主体应积极参与国际竞争，与发达国家的农业进行高起点合作、高水平嫁接，加速生态农业的整合，实现生态农业产业化经营的优化升级。基于不同优势的农业产业国际化发展模式主要有区位优势导向型、要素优势导向型、资源优势导向型、环境优势导向型；基于不同资源禀赋的农业产业国际化发展模式主要有资源过剩出口型、资源短缺隔离型、资源转换外向型、资源不足补充型。我国生态农业产业国际化发展还面临制度、技术、组织、贸易等方面的障碍。因此，生态农业产业国际化发展要从我国实际出发，充分利用国际资源和国际市场，依靠科技进步，立足长远比较优势，积极培育主导产业，调整和优化农业产业结构，提高绿色农产品质量，扩大绿色农产品出口，实现绿色农产品出口向精深加工型、知识型绿色农产品转变；由单纯商品贸易向劳务输出、技术贸易和知识贸易转变；由过去引进外国设备、资金为主的"引进来"战略向"引进来"与"走出去"战略并举，并逐步实现以"走出去"对外投资为主的战略转变；市场主体由过去的以农户群体为主，转向不同所有制类型的生态农业龙头企业或跨国公司等企业群体，企业群体在本土化的基础上转向国际化竞争；充分利用国际市场和国际要素，实现"内引外联""内外互补""共同发展"的生态农业产业化发展新格局。

第四节 研究方法、理论突破及研究意义

一 主要研究方法

方法是指某个主题研究为达到某种目的而采取的步骤、途径、手段等，同时还有策略、艺术、技巧之意。在人类认识世界和改造世界的活动中，在经济运行和社会活动中，方法起着非常重要的作用。本书在研究中主要运用了以下方法。

1. 系统分析方法

关于生态农业绿色发展理念和农业产业化供给侧结构性改革的理论和实践研究分散于20世纪70年代以后国内外的书籍、文章、报告等各类资料中，我们根据农业产业绿色发展演进变化规律的需要，进行了广泛的搜集、选取、阅读和整理。系统分析方法是充分运用文献资料，把生态农业产业化发展作为一个系统，对其系统要素进行综合分析论证评价，找出解决问题的可行方案。经典管理理论认为，系统分析是一种研究方略，它能在不确定的情况下，确定问题的本质和起因，明确研究目标，找出各种可行方案，并通过一定标准对这些方案进行比较，帮助决策者在复杂的问题和环境中进行科学抉择。应从生态农业绿色发展的生产方式、生活方式及其所决定的经济关系中把握生态农业产业化发展的基本特征和发展规律。也就是说，生态农业产业化受一定社会的经济发展水平和经济制度的约束，其产生、内容及作用范围由社会经济关系表现和作为经济关系表现的利益及利益关系决定。因此，只有从生态农业绿色发展的经济关系特别是利益关系的变动中，才能找到把握生态农业绿色发展规律的正确路径。我们应从生态农业绿色发展不同时期的生产方式和生活方式中理解绿色农业产业化发展的基本特征和系统运作规律。这是贯穿生态农业绿色发展研究的"一根红线"。易而言之，无论是对生态农业绿色发展的"中国特色"、历史变迁和农业现代化经济体系的概括以及对生态农业绿色发展脉络和一般规律

的把握，还是对生态农业绿色发展的"乡村特色"，乡村绿色产业化以及具有生态农业产业化内涵的农产品质量安全、生态安全、资源安全的协调统一的具体研究，都应始终贯穿着系统的分析方法。

2. 宏观分析与微观分析相结合的方法

生态农业绿色发展涉及多个方面，其参与主体包括绿色农业企业、中介组织和农户。各个新型农业经营主体的生产经营活动既受到国家宏观政策的影响，又呈现明显的"乡村特色"和区域性特点。本书采取"村庄进入"与"主体贴近"的思路，通过深度访谈的定性研究与项目调查的定量研究相结合的田野调查，揭示生态农业产业化这一"中国特色"与"乡村特色"及宏观与微观相结合的共同体的特质。我们应正确处理宏观政策引导与微观企业主导、"地域特殊"与"整体一般"之间的关系。从一定意义上说，生态农业绿色发展的不平衡性及其丰富的地方性特色，使这一问题既成为绿色农业产业化经营研究不可或缺的重要内容，同时又是生态农业产业化实现面临困境的焦点与难点问题。生态农业绿色发展的核心是要培育绿色农产品的竞争优势，而竞争优势各关键要素组成的核心体系会推动一个国家的产业竞争优势趋向集群式分布。生态农业绿色发展离不开绿色农业企业、中介组织、农户的积极参与，在对绿色农业企业、中介组织、农户进行分析时，需要运用微观分析方法，尤其需要对企业的能力、资源、规模、产品开发、市场营销、带动效应有针对性地进行研究。把生态农业产业作为研究对象时，必须运用宏观分析方法，从而把握整个系统的发展规律与企业、中介组织、农户之间相互竞争与协作的关系。只有将宏观分析与微观分析有机地结合起来，才能完整掌握生态农业绿色发展的客观规律，促进生态农业可持续发展。

3. 实证分析与规范分析相结合的方法

生态农业绿色发展研究所面临的问题是复杂的，本书从时间上对其在不同历史时期纵向梳理，从空间上对具有丰富地域特色的"地方特殊"生态农业产业化进行探究，从领域上对绿色经济行为进行现状分析，对新型农业经营主体的创新内涵进行阐述，通过实证调查和数据分析，全面掌握乡村绿色农业产业化发展的规律、运作程序，分析生态农业产业与供给侧结构性改革之间存在的问题及其原因。从全面把握农业产业化供给侧结构性改革问题出发，较为全面系统地阐述、分析生态农业结构性改革的特点、状况、问题、原因，提出改革短期、中期和长期思路，拓宽生态农业产业化结构性改革路径。

从实证分析上升到理论层面，进一步分析和揭示生态农业产业化供给侧结构性改革与结构性绿色创新不同观点、不同内涵的内在联系，归纳分析出农业产业化结构性绿色发展、新型农业经营主体培育创新的内涵和本质。规范分析则关心人们的经济行为"应该是什么"，它从一定的价值判断出发，提出人们经济行为的规范，并讨论和制定满足这些行为规范的行动步骤和政策建议。二者的结合表现为理论上的规范界定为实证分析奠定坚实基础，对历史与现实的实证分析又为现实的深层规范提供充分依据。只有将规范分析和实证研究结合起来，才能全面探讨生态农业的发展规律。

4. 利用学科交叉研究的方法

农业产业化结构性绿色发展研究是经济学、生态学、政治学、法学等诸多学科共同关注的问题。本书着重从经济学和生态学的视角探讨和考察农业产业化供给侧结构性改革的问题，并作为绿色发展的逻辑起点，同时也离不开相关学科的基本理论指导。生态农业绿色发展始终无法脱离中国乡村社会的生产方式、生活方式及其所决定的乡村利益关系的变化和发展。换言之，我们无法想象独立于乡村经济、社会和生活的"绿色经济"，无法构建作为独立的绿色知识经济的知识体系，也无法实现新型农业经营主体培育创新。农业供给侧结构性改革为生态农业产业结构的优化、消费结构的优化、产品结构的优化、农业产业绿色转型升级、新型农业经营主体培育创新奠定了基础，创造了条件。因此，只有运用多学科理论，只有把生态经济学的知识体系与农业供给侧结构性改革的知识体系结合起来，才能避免生态农业绿色发展的研究流于抽象和空洞，才能形成对生态农业绿色发展，新型农业经营主体培育创新的客观、全面、准确的阐释。

二　主要理论突破

1. 系统总结和概括了生态农业绿色发展的新内涵和新特征

目前还没有学者系统地概括和总结生态农业绿色发展的内涵与特征，在本书的研究中系统地分析了农业产业结构性绿色理念的产生是源于对生态运动和生态经济的重新审视，是对工业文明追求 GDP 的深入反思，它对生态文明产生根源和绿色发展进行了深入探索。农业产业化结构性改革绿色创新的内涵主要包括物质层面、体制层面、价值层面的变革。农业产业化绿色理念体现了时代性和实践性特征。

2. 将农业产业化供给侧结构性改革与绿色发展对接

供给侧结构性改革是新时期经济进入新常态的客观要求，农业产业化供给侧结构性改革是农业产业化发展进入新阶段的内在需要。农业产业化绿色发展是生态经济的表达和体现，是生产方式的变革，发展方式的转变，价值理念的提升，是生产力的新发展、新驱动、新对接、新创造、新价值形态。

3. 初步构建生态农业现代化经济体系建设的理论体系

生态农业现代化经济体系是农业产业的发展观，是构建现代农业产业体系、生产体系、经营体系，完善农业支持保护制度，发展多种形式适度规模经营，培育新型农业经营主体，健全农业社会化服务体系，实现小农户和现代农业发展有机衔接。农业产业建立在环境与经济发展整合的基础上；技术不能根本解决农业产业化与生态经济问题，生态可持续发展需要的是走洁净的先进技术路径，技术的选择不是在孤立状态中进行，它受制于形成主导世界观的文化与社会制度，对现代化科学技术观形成具有重要作用；环境安全是一种新的安全，是全方位意义上的安全，永久性的安全，在影响人类安全的因素中，环境已经成为其中一个基本要素，并且越来越成为世界各国安全事务的核心。农业产业化供给结构绿色发展不能忽视经济结构、技术结构、社会结构、政治结构的优化，并在其基础上实现农产品无污染净化的绿色供给。

4. 新型农业经营主体培育创新内涵的新阐述

基于乡村振兴的背景，研究新型农业经营主体的创新与培育，界定新型农业经营主体培育创新的内涵，从组织理论和比较优势的角度出发，通过调研数据对湖南省新型农业经营主体现有的发展成效做出分析，有针对性地指出相关措施，这对其他地区新型农业经营主体的培育发展有一定的理论参考价值。坚持理论思维与实证分析相结合，从新型农业经营主体的短期培育入手，长期发展着眼；从政策培育和制度培育入手，技术培育和知识培育着眼；从农业产业化培育入手，农业产业化长期发展着眼；从美丽乡村建设实践层面具体问题解决入手，农业宏观层面经济问题的解决着眼；从职业农民能力培育入手，成长才干增长着眼。对于新型农业经营主体培育创新和生态农业绿色发展，从理论阐述和实践论证培育农业长期发展动能具有的新内涵。

5. 新型农业经营主体培育创新观点的新论证

（1）社会组织和社会资本是新型农业经营主体培育创新的重要力量。如何促进社会投资农业和农村经济发展是当前一个重要的问题。社会投资作为一种有效制度安排，发挥着整合资源、培育新型农业经营主体的重要社会功能。社会投资通过与政府之间的投资吸纳和合作两种互动行为形成了两者之间的信任关系，进而构建了促进新型农业经营主体培育创新精巧的互动机制。

（2）新型农业经营主体培育创新由政府主导逐步转向市场主导。为了新型农业经营主体的壮大，新型农业经营主体的教育和培育组织也要逐步引进和扩大社会组织，实现新型农业经营主体的多元化培育体系。

（3）新型农业经营主体培育创新融入乡村振兴，是从低到高不断地演进，实现动力变革、质量变革、效率变革的过程。需要通过政府倡导逐步完善农业新型经营主体立法、调整职业农民政策，构建起一套平等的、统一的、发展的新型农业经营主体社会政策体系，扩展和丰富政策支持系统的资源和能量。

（4）新型农业经营主体是乡村振兴的主体力量。通过发挥职业农民优势，拉动农民、农村、农业的现代化发展，推动乡村振兴，加速推进农业农村现代化。

三 研究意义

1. 当今时代的重要课题

习近平在党的十九大报告中指出："坚持人与自然和谐共生。建设生态文明是中华民族永续发展的千年大计。必须树立和践行绿水青山就是金山银山的理念，坚持节约资源和保护环境的基本国策，像对待生命一样对待生态环境，统筹山水林田湖草系统治理，实行最严格的生态环境保护制度，形成绿色发展方式和生活方式，坚定走生产发展、生活富裕、生态良好的文明发展道路，建设美丽中国，为人民创造良好生产生活环境，为全球生态安全作出贡献。"①进入新时代的农村生态文明建设新时期，生态农业绿色发展、新型农业经营主体培育创新是当今时代的重要课题，是生态经济发展和生态文明建设的重要战略决策。马克思主义的生命力主要体现在对时代重大现实问题的解释与解决上，与时代联系最密切、最紧迫的经济社会现实问题赋予了理论研究价值，理论研究必须在对时代课题、经济社会紧迫问题的密切关注中思考，不断地反思和超越既存的理论。农业产业化供给结构绿色发展和新型农业经营主体培育创新是中国特色社会主义理论的有机组成部分和我国面临的现实重要问题，然而目前学术界对这一问题的深入研究并不多，所以本书能够丰富和拓展马克思主义生态经济学，对于生态经济发展和生态文明建设具有重要的理论价值和现实意义。

2. 推进和指导我国生态经济发展和生态文明建设

我国改革开放 40 年来，充分发挥比较优势和潜在后发优势，实现了国民经济的持续快速增长，与此同时资源和环境对发展的瓶颈制约也日益显现，反映的矛盾和问题越来越突出。在这种情况下，推进农业产业化供给侧改革和绿色发展已经成为生态经济发展和生态文明建设的共识。农业产业化绿色理念和绿色决策的贯彻与实施，可以把资源节约、环境建设、自主创新、优化管理同生态发展、低碳发展、社会进步、生态文明建设有机完整地结合在一起，形成农业产业化符合可持续发展和协同发展要求的良性循环。目前，我国能源和资源消耗总量仍在增加，减排、节能、降耗和农业产业化供给结构性改革的任务十分繁重。因此，我们应抓住有利时机，创新农业产业化绿色发展理念，加快农业产业化发展方式转变，将农业产业化发展要素、清洁能源、节能减排、低碳经济作为国家战略决策，使绿色发展方式、绿色生产方式、绿色生活方式、绿色消费方式逐渐变成每个社会成员的自觉行动。

3. 生态农业是美丽中国建设的重要组成部分

美丽中国建设是整个中国的城乡统筹建设和发展，也就包括美丽乡村

---

① 习近平：《决胜全面建成小康社会 夺取新时代中国特色社会主义伟大胜利——在中国共产党第十九次全国代表大会上的报告》，人民出版社，2017，第 23 ~ 24 页。

建设。美丽乡村建设的目标为生产发展、生活富裕、生态良好。在进入全面建设小康社会的决胜时期，生存问题得到基本解决后，农民不仅需要物质生活的进一步改善，而且对农村人居环境、生存环境、生态环境提出了更高的要求。只有发展生态农业，实现绿色农业产业化发展，建设村容整洁、环境优美的绿色生态美丽乡村，才能不断提高广大农民群众的生活水平和生活质量，为促进农业增效、农民增收创造良好的发展环境和生存空间。

4. 生态农业绿色发展是农业现代化经济体系建设的必然要求

我们应在农业现代化装备的基础上，运用生态经济学原理，节约使用资源，减少能量输入，适当减少化肥、农药施用量，多层次利用生物有机质，实现废弃物资源化、物质循环再生，减少农业对环境产生的污染，使农业在为人类生产出健康、安全的绿色农产品的同时，还能安排更多的劳动力，增加农民收入，使生态农业成为可持续发展的产业。建设美丽乡村必须以生态农业为前提，实现农业现代化，发展农村经济主要是通过延长生态农业绿色化产业链、价值链，从农业低端产品迈向绿色农业高端产品，从农业低端的产业化迈向生态农业高端产业化，从农业低端价值链迈向生态农业高端价值链。

5. 生态农业绿色发展是农民增加收入及增强获得感的主要途径

生态农业注重发展农业产业化经营，着力培育支柱产业，倡导发展农业产业化龙头企业和农产品精深加工企业，通过相关具体措施和项目的实施，帮助拓宽农民增收渠道，让农民从生态农业绿色产业化经营中得到更多的实惠，增强获得感。生态农业绿色产业化发展能够挖掘农业内部增收潜力，提高农产品质量，并按照国内外市场需求，发展品质优良、特色鲜明、附加值高的优势农产品，这是农民增收的重要来源和增强获得感的具体体现。

6. 生态农业绿色发展的实践意义

生态农业绿色发展是农村发展和社会进步的基础，绿色农产品和绿色农业资源是工业文明发展的绿色原料来源，是新兴产业发展的组成部分。农业产业化核心生产要素不仅是土地、资金、技术，而且包括环境要素。农产品供给结构是绿色的还是非绿色的，是衡量产品结构和产业结构是否优化的重要条件。农产品供给表明，以生态环境为代价的人类经济活动的边际成本在上升，而边际收益则在下降。环境要素已经成为人类发展和经济发展的重要约束条件。这种条件的优化和恶化取决于人们对生态环境的态度和理念，取决于农产品供给结构是否优质和优化。只有立足于农产品结构的优质提升，才符合创新发展、协调发展、绿色发展的新时代要求。因此，在生态和环境问题日渐突出、资源约束日趋紧张的当前，农业产业化供给绿色发展是一种全新的生态观和价值理念，以此来指导农村经济发展和生态文明建设具有一定的实践意义。

第二章　生态农业绿色发展的
相关理论

在人类面临环境挑战的今天，必须重视投入结构中的资源环境代价。在中国，这表现为大量的资源消耗和环境污染，中国的资源被严重"透支"，正是这种"透支"，引发了人们对农产品供给结构与资源环境优化问题的思考。考虑到中国经济发展所付出的资源和环境的沉重代价，在发展道路上必须遵循生态规律，以马克思主义生态经济学为指导，倡导创新、协调、绿色、开放、共享的新发展理念，寻求实现农业产业化供给结构绿色发展的路径，实现生态发展与经济社会发展的"双赢"。本章对农业产业化供给结构绿色发展的相关基础理论作了简单的介绍。

第一节　生态经济学理论

本节在资源产业供给侧结构性改革研究的基础上，着重对生态经济及复合生态系统理论进行分析，为后面系统研究资源产业供给结构绿色创新提供理论基础和分析框架。

一　生态农业绿色发展的理论渊源

1. 马克思主义经典作家的生态经济思想

我国著名生态经济学研究专家刘思华教授对马克思发展理论的生态经济思想进行了广泛和深入的研究，他在 2006 年出版的专著《生态马克思主义经济学原理》①一书中，对马克思的生态经济思想进行了系统的阐述。从生态经济可持续发展观上阐述了社会经济和可持续性的统一。

马克思早就指出："社会是人同自然界的完成了的本质的统一。"②按照马克思主义的观点，社会发展主要包括五大领域：经济领域、政治领域、社会交往关系领域、精神文化领域、自然生态领域。现实的自然界是人化的自然，进入人类社会的自然，是"在人类历史中即在人类社会的产生过程中形成的自然界是人的现实的自然界"③。因此，从人、社会和自然有机整体即人类社会发展总体趋势来看，这五大领域的发展，都是社会发展的重要组成部分，它们的各自发展、协调发展形成的综合发展，就是人类社会的总体发展。马克思社会经济发展观的人学内涵包括以下几个方面。

（1）马克思明确提出了人的本质力量对象化和人的本质是实践的科学论断。马克思指出人是对象性的存在物，有"强烈追求自己的对象的本质力量"④。他还强调指出："工业的历史和工业的已经生成的对象性的存在，是一本打开了的关于人的本质力量的书"⑤，因此，"如果把工业看成人的本质力量的公开的展示，那么自然界的人的本质，或者人的自然的本质，也就可以理解了"⑥。在此基础上，马克思指出了"人类学"的发展观，即通过工业，尽管以异化的形式形成的自然界是真正人类学的自然界。

（2）马克思把人作为社会历史发展的立足点和最终目的，确立了马克思主义人类的本体论。马克思认为，人类的全部力量的发展成为目的本身。这就是说，人的世界是一个价值的世界，人是社会的终极目的。所以，马克思把人作为社会历史发展的本体，应该说是合理的本体论设定。人们的社会历史始终是他们个体发展的历史，而社会历史始终是他们的个体发展的历史，而不管他们是否意识到这一点。在这里，马克思指明了社会的发展和人的发展的内在联系，指出社会的发展与人的发展是同一过程的两个

---

① 刘思华：《生态马克思主义经济学原理》，人民出版社，2006。
② 《马克思恩格斯文集》第1卷，人民出版社，2009，第187页。
③ 《马克思恩格斯全集》第42卷，人民出版社，1979，第128页。
④ 《马克思恩格斯全集》第1卷，人民出版社，2009，第211页。
⑤ 《马克思恩格斯全集》第1卷，人民出版社，2009，第192页。
⑥ 《马克思恩格斯全集》第1卷，人民出版社，2009，第193页。

方面，是不可分割的统一体。

（3）马克思人学发展观具有人和社会全面发展的特征。两者互为标志，社会全面发展的集中体现是人的全面发展，而人的全面发展是社会全面发展的根本标志。

2. 经济增长理论源于物质变换理论

（1）马克思社会经济理论体系中确实包含着系统的、完整的、科学的经济增长理论。在马克思恩格斯的著述中，的确没有直接使用过经济增长和经济增长方式这类术语。因此，马克思的经济增长理论一直没有引起人们应有的重视，也没有对其进行认真的挖掘，甚至有人提出马克思到底有没有经济增长理论的疑问。与此相反，有些学者认为马克思社会经济理论中存在丰富的经济增长思想。有的学者进一步指出：在马克思的政治经济学理论体系中，经济增长理论的表现形式是社会资本的再生产问题。这是因为，经济增长问题实质上就是社会资本的再生产问题。

（2）从生态与经济相统一的发展观建构马克思的经济增长理论，其关键在于把对经济增长的理论建立在马克思物质变换理论的基础之上。有的学者正是从这个新的视角研究马克思的经济增长理论。例如，李贺军教授虽然没有在将生态环境系统和经济社会系统作为一个有机整体的基础上研究经济增长的规律性，但是他抓住了把经济增长的理论建立在马克思物质变换理论的基础之上这个关键。在不同的经济发展阶段，初级资源有不同的比较优势，自然条件的差异制约经济增长。劳动过程首先是人和自然之间互动的过程，是人以自身的活动来引起，调整和控制人和自然之间的物质变换过程。这就是说，经济增长是以人对自然的支配为前提，以人与自然之间的物质变换为内容。他的生态经济发展的理论观点表现为：一是经济增长是社会经济因素和自然生态因素相互渗透、相互融合、共同发生作用的结果；二是经济增长是人类劳动借助技术中介系统来实现人类社会的经济社会因素和自然界的自然生态因素相互作用的物质变换过程；三是经济增长的实现条件是实现经济增长的核心问题；四是生态经济再生产中的经济再生产的总需求和自然再生产的总供给的平衡协调发展，既要受社会产品价值组成部分的比例关系制约，又要受物质形态的比例关系制约；五是经济增长本质是人与自然之间物质变换的方式。从生态经济实质来看，任何一个有人类经济活动的生态系统或者说建立在生态系统基础上的经济系统，都要求社会经济发展和自然生态发展的相互适应和协调发展。

二　生态农业绿色发展观

党的十八届五中全会将绿色发展理念作为"十三五"规划的五大发展理念之一，这意味着我国经济的发展模式将由追求局部、短期物质利益的自我中心主义向倡导包容、和谐、可持续发展的共生主义的价值观念转变。综合对马克思的生态经济思想的研究，可以得出生态农业绿色发展的概念。生态农业是在环境得到保护和自然资源得到合理利用的前提下，人与自然变换中所取得的符合社会需要的标准质量的劳动成果与劳动占用和资源耗费的关系。所谓生态农业绿色发展观，就是指生态农业经济系统与社会经济系统之间，物质变换、价值转换、资源消耗所体现的劳动占用与产品生态价值关系。这样表述的理由如下。

一是随着社会生产力的发展，人们生活质量的提高，人类对自身的发展及其与自然资源物质变换的关系认识越来越深刻，价值追求越来越高，人们的生活质量不仅表现在经济发展上，更是表现在生态价值上。这表明人类对社会进步和经济发展问题以及生活质量有了更深层次的理解、认识和判断，因而要求我们对生态农业绿色发展的认识必须从单纯性的经济评判观，转变为一种经济发展和价值取向的综合性评判观，即生态价值观。

二是生态农业供给结构创新着力于综观经济效益，并通过绿色发展反映效益的质量，涵盖了更广的内容。只讲经济效益，而不讲生态效益，或只讲微观经济效益不讲宏观经济效益，都不是一种全面的经济效益。生态农业供给结构绿色创新，既讲人与自然的价值关系，也讲人与人之间的发展关系。它要求人类的经济活动必须把微观效益和宏观效益结合起来，达到经济效益与生态效益有机的统一。

三是人作为一种生态对象性存在，意味着人的发展以生态农业产业实际的、感性的生态对象作为存在的确证，作为自身发展的确证，并且其只能借助实际的、感性的生态对象来获得自身的发展，证实生态农业绿色发展与自身发展的统一。生态农业现实对人的发展来说不仅仅是生态对象性的纯粹客体、直观的生态现实，而且是人的自身发展的现实，是人的自身发展本质力量的表现。人在生态自然界中的存在，其实就是人通过生态自然界而获得自身发展的自我确证活动。因为人和生态自然的实在性，即人对人来说作为生态自然的存在以及生态自然界对人来说作为人的存在，已经变成某种异己的存在物，关于凌驾于生态自然和人之上的存在物的问题，即包含着对生态自然和人的非实在性的承诺问题。马克思是一个唯物主义者，他完全承认生态自然的优先地位，在他看来，"没有自然界，没有感性的外部世界，工人什么也不能创造"①。从近期生态需求与长期生态需求来分析，人的自身发展需要长期的生态需求，需要长期的生态效益环境。

四是人的创造性与生态规律性的统一。马克思生态思想就是一个有规律的人的创造性与生态规律性的统一，认为人的创造就是一个有规律的人的创造性实践过程。一方面，人的创造性发展是主体满足自身的需要，实现其价值选择的过程，即符合人的主体创造目的的进程；另一方面，生态发展又是主体认识和遵循生态客观规律的进程，而不是主体不受任何生态必然性的制约、任意选择价值的过程。这从两个方面，即人的创造性的目的性与生态规律的有机统一，构成了人的内在力量与外在生态效益的统一。

三　生态经济学理论及复合生态系统理论

本部分在生态效益研究的基础上，着重对生态经济及复合生态系统理论进行分析，为后面系统研究生态农业绿色发展提供理论基础和分析框架。

1. 生态经济学理论

生态经济学的产生归功于生态学向经济社会问题研究领域的拓展，其通过对人类社会发展所需要的环境效应产生的一系列资源耗竭、生态退化、环境污染等问题的反思，提出经济发展应当根据自然生态原则，转变现有的生产和消费模式使其能够以最低限度的资源、环境代价实现最大限度的经济增长，从而为深入理解和认识产业系统、结构系统、环境系统、产品系统的生态特征与规律提供全新的途径和方法，也为在保持经济增长的同时解决资源利用与环境污染问题提供了理论和分析策略。生态经济学将人类经济系统视为更大整体系统的一部分，研究范围是经济部门与生态部门

---

① 《马克思恩格斯文集》第1卷，人民出版社，2009，第158页。

之间相互作用的效应及效益。其解决的问题包括：环境系统的良性循环、循环经济的良性发展、可持续发展的效应及规模、利益的公平分配和资源的有效配置。

在研究内容方面，生态经济学以研究生态经济系统的运行发展规律和机理为主要内容，包括经济学中的资源配置理论和分配理论，生态学中的物质循环和能力流动理论；生态平衡与经济平衡，经济规律与生态规律，经济效益与生态效益的相互关系。从应用研究方面，生态经济学主要研究国家生态、区域生态、流域生态、企业生态和整个地球生态在遇到种种问题时涉及的各种政策的设计与执行、国家政策与立法、国际组织与协议的制定等。

2. 复合生态系统理论

系统科学自贝朗塔菲创立以来，发展和运用极为迅速，不仅在应用领域显示出其强大的生命力和活力，同时在管理领域，包括环境管理、经济管理、社会管理、流域管理领域也显示出其强大的生命力和活力。系统科学是研究系统的一般性质、运动规律、系统方法及其应用的学科，被认为是 20 世纪最伟大的科学革命之一。它的产生和运用化解了人们认识能力有限的问题，从而把复杂系统割裂为若干子系统，促进了最基本要素的研究对科学发展作用的发挥，进一步认清了事物之间的相互联系，生态环境之间的相互效应，经济结构之间的相互制约，生态结构与经济结构之间的相互平衡。系统科学的产生和运用，为人们提供了新的认识和处理复杂系统的理论和方法，使事物的整体研究成为可能，使经济社会系统相互制约成为现实。

从生态系统的组成角度看，生态系统是由两个以上相互联系的要素组成的，是环境整体功能和综合效益行为的集合。该定义规定了组成生态系统的三个条件：一是组成生态系统的要素必须是两个或两个以上，它反映了生态系统的多样性和差异性，是生态系统不断演化和变迁的重要机制；二是各生态要素之间必须具有关联性，生态环境系统或低碳经济系统中不存在与其他要素无关的孤立要素，它反映了生态环境或低碳经济系统各要素相互作用、相互依赖、相互激励、相互补充、相互制约、相互转化的内在相关性，也是生态系统不断演化的重要机制；三是生态系统的整体功能和综观行为必须不是生态系统每个单个要素所具有的，而是由各生态要素通过相互作用而涌现出来的。

由此可见，对于资源产业供给结构绿色的综合研究，必须借助于系统科学理论中的复合生态系统理论，基于资源供给结构绿色创新的视野，从理解创新、协调、绿色、开放、共享新发展理念角度来进行系统研究。

四 利益集团的生态价值维度分析

1. 生态价值维度的含义

生态价值具有自己的核心价值要素和核心价值边界，当生态自然环境遭到损害或破坏的时候，就会产生一种新的价值形态和新的效益形态。生态价值和生态效益就是工业经济和农业经济发展到一定阶段的产物，也会产生与新的价值形态和效益形态相适应的一系列新政策、新制度、新理念、新观念、新行为及新方式，以维护其价值取向、价值发展、价值要素，同时，也会产生与价值维度相适应或不相适应的利益集团，出现价值维度的和谐状态或矛盾状态。生态价值维度所体现的原则就是开放、对等、共享以及全球运作，也是生态经济发展和生态效益实现的基本要求以及基本战略。

2. 生态利益集团是生态价值维度的主体

生态经济发展过程中，多种因素相互作用而产生不同的利益集团，因而产生不同的价值维度主体。碳排放量和减排量会产生两个不同的利益集团，并产生两者之间的矛盾，碳排放者损害了相关者的利益，而受损者没有得到相应的生态补偿，也就失去了受损者的生态价值维度。碳排放者没有承担相应的责任，也就失去了生态价值维度的责任担当。由此，生态环境损害者和被损害者构成了生态价值两个不同的利益主体，两者之间的矛盾是否得到解决，其衡量标准就是生态价值的维度。

3. 民生是生态维度的价值所在

民生改善需要经济的发展，而经济发展在某种程度上又势必会对生态环境产生影响，如何保持经济、民生和生态三者的均衡发展，也就成为生态经济发展必须研究和解决的重要问题。马克思主义生态观主张人与自然环境的辩证统一，既承认自然环境条件的先在性，也强调人在自然环境面前的主观能动作用，即人的主体性。用当今的话来说就是坚持以人为本，必须解决和处理经济发展、生态保护与民生改善之间的内在关系，以民生利益为重。民众的生态权益维护好了，民众的生态参与权和监督权得到了实现，也就从根本上解决了经济为谁发展、生态如何发展、低碳靠谁发展的问题。这也是生态价值依靠谁来创造、依靠谁来维护的问题，从这个意义上来说，民生就是生态维度的价值所在。

五　弱势生态利益集团所面临的制度困境

弱势生态利益集团主要是指针对强势生态利益集团所指向的生态利益民众，民众在生态经济发展中是主要依靠力量，但是生态经济发展中民众的生态利益和低碳利益很难得到较好的维护。例如，林业碳汇相关利益主体的法律依据不足，利益关系边界无明确的规定，碳减排量和硫减排量的减排主体的利益救济无明确的途径，缺乏有效的救济手段。产权制度还不够健全和完善，民众的生态财产利益还得不到有效的保障，还缺乏相应的利益维度、价值维度、法律维度及政策维度，因此，弱势生态利益集团的利益维护和权益保护还需要有完善的法律制度与之相适应。

六　生态补偿机制的构建

生态补偿机制是生态价值维度的重要条件，没有生态补偿就没有生态价值而产生的力量。生态补偿是对利益受损者的一种利益补偿，以及价值补偿、占有权补偿、侵害权补偿、产权补偿，这是一种利益关系和价值关系。

生态价值补偿还包括自然生产力的价值补偿。根据马克思农业自然生产力价值补偿理论，自然环境有一个修复的过程，这个过程的长短由自然环境状态损害的程度和恢复的程度来决定，要视其状况采取相应的生态补偿政策措施。

生态补偿机制包括国家法律机制，其中包括国家法定的生态补偿标准以及地方规章补偿的标准，也就是行政部门颁布的规章，以构成地方实际操作标准。生态补偿原则是对公民的财产权限制而进行的补偿，各个国家相应地实行了充分补偿、适当补偿、公平补偿三种模式。生态补偿基金，包括碳汇交易基金、森林生态基金、政府设立的各项风险基金，以及与生态经济发展相适应的各项补贴。以真正形成"污染者付费，利用者补偿，破坏者恢复"的补偿机制，以相关的财政、税收和价格政策促进补偿机制的完善和资源生态效益的实现。

七　生态足迹理论

这一理论着重于对生态足迹的内涵、特征、理论成果等方面展开分析，对生态足迹修正模型进行比较分析，以揭示产业间的相互依赖关系，生态足迹投入产出分析是一种把经济学与生态学完美相结合的资源合并分析工具。

1. 生态足迹的内涵及特征

（1）生态足迹的内涵。生态足迹分析法最早由加拿大生态经济学家威廉姆（William）等在1992年提出。这种发展包括低碳经济的发展、循环经济的发展，这些发展需要立足之地，如果立足不了，那么它所承载的人类文明将最终坠落、崩毁。因此，生态足迹较好地反映了人类与生态之间关系的具体变化情况，较好地反映了低碳经济发展现状及其变化规律。生态足迹，用相对应的生态性土地去估算特定资源与经济规模下的资源和废弃物吸收的面积，是利用土地面积来测量人类对生态系统依赖程度的资源核算工具。其可表达为一定人口规模下的被占用的生态承载力，或者解释为满足人类活动所需要的生物生产性土地面积。传统的生态足迹模型是一种静态的非货币化计量模型，它经历了一个由横截面时间数据、固定参数标准、单一情景模拟的综合影响分析向时间序列数据、多种参数标准、多情景模拟的历史演变过程。

（2）生态足迹的特征。一是生态足迹具有反映环境可持续发展的指标特征。它阐述了人类资源消耗与自然环境之间的关系，反映两者之间的合作博弈与非合作博弈关系，表明了人类当前所占用的"自然利益"。在环境的综合评价研究中，传统的生态足迹方法作为一种计量人类消费与生态生产力的非货币型计量方法，对衡量一个地区的可持续性发展模式具有以下优点。其一是具有易理解性特征。生态足迹理论易于众多研究人员理解、交流。其二是具有操作性强的特点。满足人类消费活动所需的资源与能源均可折算成等效的土地面积，并适用于不同区域之间进行比较。数据获取相对容易，计算方法较为直接，建立未来情景模型较为容易，因而具有较强的可操作性。其三是具有较弱的测度性，生态足迹计算结果能够告诉研究人员足迹成分的影响。

二是生态足迹具有计量人类对生态系统需求的指标特征。计量内容包括人类拥有的自然资源、耗用的自然资源，以及资源分布情况。它显示在现有技术条件下，制定的单位内（个人、城市、国家或全人类）需要多少具备生物生产力的土地和水域，生产所需的资源和吸纳的衍生废物。最新的生态足迹核算结果显示：到2025年人类大约需要1.3个等量单位的地球来满足我们的生产消费活动（提供资源和吸纳废弃物），即人类总生态足迹已经超出了地球承载力的30%左右。这意味着需要花费大约一年零四个月的时间去修复人类一年所需要的资源。如果人类的人口规模与消费方式仍然按目前的方式持续下去，到2030年人类需要大约两个地球的资源来满足他们的需求。①

三是生态足迹具有衡量生态安全的工具性特征。在生态安全方面，生态足迹是衡量生态安全的重要工具。生态足迹措施方法实现了对各种自然资源的统一描述，并利用均衡因子和产量因子进一步实现了地区间各类生物生产性土地的可加性和可比性。其具有广泛的应用范围，包括对于整个世界、国家、地区、城市、家庭甚至个人生态足迹的研究，同时还包括生态足迹时间序列及空间差异研究。

四是生态足迹具有不完整性特征。这些不完整性主要表现为以下几点。其一，没有全面考虑到资源消耗项目，并因对污染物的关注程度不够，以致无法准确地反映人类消费对环境的影响（除了二氧化碳，其他的温室气体并没有计入生态账户之中）。其二，对生态足迹存在观念上的误区。虽然生态足迹意味着人类对生态系统的"虚拟"土地需求，但是公众的官方（甚至科学研究人员）把它错误地理解为真实土地占用。其三，生态足迹核算缺乏动态性。传统的生态足迹记录的是过去某一时间点上的人类对自然

---

① 《地球生命力报告2010：热带自然资源枯竭拉响警钟》，新浪网，http://news.sina.com.cn/green/2010 - 10 - 15/120421282400.shtml，最后访问日期：2018年5月9日。

资源的需求，而无法体现未来的可持续发展趋势。但实际上，随着科学技术的进步，人们物质生活水平的提高，土地利用、资源管理以及人类对自然的需求等都是随时间而发生变化的，因此生态足迹实际上是动态变化的。其四，传统生态足迹模型缺乏结构性，没有考虑到产业之间的相互依赖关系。传统生态模型直接把生态空间利用分配成最终消费，反映的仅仅是直接生态空间占用的关系。

第二节　区域经济理论

目前，在我国已经明显形成了4个经济作物主产区和3个经济作物主销区。国家级农业经济作物主产区集中在东北地区和中部地区，经济作物主销区集中于东部沿海几个省市。经济作物区域经济格局已经形成，因此，有必要研究区域经济与生态农业绿色发展的关系，研究区域经济理论及其特征。

一　区域经济的概念及特征

1. 区域经济的概念

在区域经济学理论中，区域是指经济活动相对独立、内部联系较为紧密、具有特定功能的地域空间。例如经济作物主产区、经济作物产品加工的主产区。区域经济是指一个国家经济的空间系统，是经济区域内社会经济活动和社会经济关系的总和。区域经济反映不同地区内经济发展的客观规律及其内涵与外延的相互关系。

2. 区域经济的特征

（1）生产具有综合体特性。区域经济是在一定区域内经济发展的内部因素与外部条件相互作用下而产生的生产综合体。每一个区域的经济发展都受自然条件、社会经济条件和宏观政策等因素的制约。自然资源中的水分、热量、光照、土地和灾害频率都影响着区域经济的发展。在一定生产力发展条件下，区域经济的发展程度受投入的资金、技术和劳动等因素的制约，宏观政策是影响区域经济发展的重要因素。

（2）区域经济具有资源体特性。区域经济是一个综合性的关于经济发展的地理概念，具有资源开发和资源运用的资源体特性。区域内的土地资源、自然资源、人力资源和生物资源的开发和利用，是生态农业产业效益提高的影响要素。区域生产力布局的科学性和生态农业产业效益并不单纯反映在经济指标上，还要综合考虑社会总体经济效益和地区的生态效益。衡量区域经济是否合理发展，生态农业产业效益是否正常提高，应当有一个指标体系。从地区经济发展情况来看，一般包括以下几个方面。考虑农业发展的总体布局和生态安全，分析地区生态农业产业效益的地位和作用，生态农业绿色发展的速度和规模是否适合当地的情况；农业和非农产品的开发和建设方案能否最合理地利用本地的自然资源和保护生态环境；地区内各生产部门的发展与整个区域经济的发展是否协调；除生产部门外，还要进行能源、水利、交通、电信、医疗卫生、文化教育等区域性的基础设施建设，注意生产部门与非生产部门、产业效益与生态效益、经济效益与社会效益的相互作用关系。

（3）地区之间的全要素生产率差异很大。中国是一个典型的具有二元经济结构特征的国家，全要素生产率地区之间的差异很大。东部地区如上海（经济作物消费区）全要素生产率呈上升趋势，北京全要素生产率2013年之后并未出现明显的下降趋势。中、西部大部地区（经济作物主产区）全要素生产率呈缓慢的下降趋势，如四川、湖南、贵州、河南、安徽、云南等省份。中、西部地区全要素生产率的提升不够，生态农业产业化发展不充分，主要靠的是要素投入的增长。中、西部地区具有更廉价的劳动力和资源优势，因此中、西部地区生态农业产业增长要素投入对经济增长的贡献力度在加大，而全要素生态农业绿色发展对农民收入增长的贡献度则在下降。这说明地区之间的生态农业绿色发展具有不同步性，全要素生产率有趋同的态势，同时也有趋异的影响因素和内部机理。

二　生态农业主产区的概念与农业产业效益

1. 生态农业主产区的概念

区位是人类生产行为活动的空间，是地球上某一事物的空间几何位置，是自然界的各种地理要素与人类经济社会活动之间的相互作用在空间位置上的反映。区位是自然地理区位、经济地理区位和交通地理区位在空间地域上有机结合的具体表现。生态农业主产区，是指生态农业全要素在一定区域内的相互作用、相互依赖、相互制约共同构成生态农业劳动生产率的总称。具体来讲，生态农业主产区理论，是研究生态农业生产活动经济行为的空间区位及其空间全要素经济活动优化组合的理论，它探讨的是生态农业生产全要素作用的发挥、生态农业产业效益以及生态农业主产区对生态农产品主销区的贡献。

2. 农业区位概念的由来及其理论表述

农业区位理论，其创始人是德国经济学家约翰·海因里希·冯·杜能（Johann Heinrich Von Thunell），1826年，杜能完成了农业区位专著——《孤立国农业同国民经济的关系》，简称《孤立国》，这是世界上第一部关于区位理论的古典名著。杜能"孤立国"理论的前提条件如下。①在孤立国中只有一个城市，且位于中心，其他都是农村和农业土地。农村只与该城市发生联系，即城市是"孤立国"中农产品的唯一销售市场，而农村则靠该城市提供工业品。②"孤立国"内没有可通航的河流，马车是城市与农村间联系的唯一交通工具。③"孤立国"是一个天然均质的大平原，并位于中纬度，各地农业发展的自然条件完全相同，适合植物、作物生长。平原上农业区外为不能耕作的荒地，只供狩猎之用，荒地圈与外部世界隔绝。④农产品的运费和重量与产地到消费市场的距离成正比。⑤农业经营者以获取最大经济收益为目的，并根据市场供求关系调整他们的经营品种。

根据区位分析和区位地租理论，杜能在《孤立国》一书中提出了六种耕作制度，每种耕作制度构成一个区域，而每个区域都以城市为中心，围绕城市呈同心圆状分布，这就是著名的"杜能圈"：第一圈为自由农作区，是距市场最近的一圈，主要生产蔬菜；第二圈为林业区，主要生产木材；第三圈为谷物轮作区，主要生产粮食；第四圈为轮作区，主要供牲畜的饲养；第五圈为三圃农作区，即本圈内三分之一土地用来种黑麦，三分之一种燕麦，其余三分之一休闲；第六圈为放牧区。

根据假设前提，杜能的农业空间地域模型过于理论化，与实际不太相符。于是，他在《孤立国》第一卷第二部分中对假设前提加以修正，提出现实存在的国家与"孤立国"有以下区别。①在现实存在的国家中，找不到与孤立国中所设想的自然条件、土壤肥力和土壤物理性状都完全相同的土地。②在现实国家中，不可能有哪个大城市，它既不靠河流，也不在通航的运河边。③在具有一定国土面积的国家中，除了它的首都外，还有许多小城市分散在全国各地。

针对以上情况，根据市场的变化和可通航河流的存在，及对"孤立国"农业区位模式产生的巨大影响，杜能对"杜能圈"进行了修正。他还考虑了在"孤立国"范围出现其他小城市的可能。这样，大小城市就会在产品供应等方面展开市场竞争，结果根据实力和需要形成各自的市场范围。大城市人口多，需求量大，不仅市场范围大，市场价格和地租也比较高；相反，小城市则市场价格低，地租也比较低，市场波及范围也小。

农业生产区位理论，指的是农产品生产在一定区域范围内所具备的要素以及要素之间相互作用及其贡献度的理论概括和总结。

3. 生态农业主产区的特征

（1）具有生态农业产业化生产的资源特性。生态农业主产区是特定的自然资源、经济资源、社会资源被一定区域所开发利用，并产生一定效益的经济过程的地理形态。一个经济作物主产区的资源是特定的，但资源的开发、利用与消费是生态农业产业化实现的资源条件。从生态农业生产的资源利用和产业效益的关联度看，生态农业资源及其产业效益实现的市场越广阔，对其生态农业产业效益的吸引力就越大，效益关联度就越高，与之相关的生态农业产业效益的区域性将随之扩张，出现生态农业产业效益关联性区域扩展现象。因此，一个经济作物主产区的主导产业的选择及其生态农业产业化形成过程，要么是该生态农业产业对该区域内的其他产业具有拉动与吸引作用，形成与生态农业产业相关的产业链；要么是生态农业产业化具有区域扩展力，能在更大市场空间内实现其产品价值和产业效益，并在区外找到相关联产业；要么是生态农业产业化对其他产业具有较大的影响力，区域生态农产品生产可行性与效益敏感度比较高，如生态农业产业效益实现的水利设施条件、土地条件等。这些自然资源构成了生态农业产业化实现的基础。

（2）生产条件和风险因素的区域差异特性。在进行生态农产品生产条件区域比较前，我们先来考察一下风险的影响。这些情况不仅表现为或多或少有些风险的区域经济作物生产供给和可获得的劳动力存在差异，而且表现在生态农业生产区域内的风险也有所不同。生态农产品生产在某一区域与另一区域所遇到的生态风险是不同的，如含有色金属土壤所产出的农产品对人的健康带来危害，预期不到的生态农业生产的生态效益损失和关联风险承担可能不同，即使生态农业产业化生产的条件相同。

如果生态农业产业化生产条件不变，生态农业生产情况越稳定以及能预料到的各种风险越多，则其生态农业产业效益损失就会越小。在某些经济作物主产区，毁灭性的霜冻、虫灾和洪灾等导致生态农业产业效益损失较大，结果是与其他产业相比生态农业产业化生产自然深受打击。的确，经济作物主产区这样的风险要素与农业产业效益相关。生态农业生产在气候变化无常的土地上进行生产要面临着各种自然条件的抗争。因此，经济作物主产区生产要素的不同属性，也必须重视这一点，使用某些生产要素会导致突然损失，因此，它们只能同能承担风险的资本和劳动力要素联合使用。但是，似乎可以把经济作物主产区生产条件如此缺乏稳定性，看作是生产要素配置和一定时期的区域生产条件的特殊情况。总之，无论用哪种方式对待这一问题，经济作物主产区生产条件的不稳定性将始终制约生态农业产业效益的提升，因此，务必充分考虑和切实重视生产条件要素和风险影响因素。

（3）生态农业主产区要素供给的影响特性。经济作物主产区影响了生产要素的价格，进而影响了生态农产品生产要素的供给，而生态农业产业效益的部分影响正是由此造成的。要阐释生态农业产业效益影响的本质，一般来说，应从分析供给弹性入手。为了弄清楚该问题，有必要区别要素的两种影响，即对经济作物主产区相对价格以及对生态农业主产区商品形式表现出来的某种要素价格变化的影响。

首先，我们来分析生态农业主产区劳动力要素的供给，如生态农业主产区的非熟练劳动者、熟练劳动者，一定的劳动力是生态农业主产区产业效益提高的必要条件。劳动力素质高的生态农业主产区有利于发展精耕细作的现代化农业，反之，只能发展传统的粗放型农业。大量技术型、特殊化农业劳动力的移入可以提高生态农业主产区的绿色发展水平。例如，欧洲移民带来先进的农业耕作与种植技术，使北美洲的农业在 16 世纪以后迅速发展起来。某一种劳动力要素价格的提高可能会增加该要素的供给数量，就像非熟练劳动者与熟练劳动者的薪水差距那样，薪水差距越大，非熟练劳动者就更倾向于转变为熟练劳动者。虽然可能需要较长时间才能出现显著效果，但是总体来说，供给与相对价格是正相关关系。

其次，从市场规模供给来分析，市场是生态农业产业效益产生的空间，也是其生态农产品价值实现的场所，生态农产品市场规模影响生态农业产业效益的持续性及合理性。一定的生态农产品生产规模是生态农业产业效益实现的前提。生态农产品市场规模决定生态农产品生产效益，生态农产品生产规模过小，生态农业产业效益就低。生态农产品市场规模也影响生态农业产业效益类型，在生态农产品市场供求规律作用下，当生态农产品供不应求时，生态农业生产的规模就会扩大，反之，生态农业生产的规模就会缩小。因此，农产品主产区的生态农业产业效益受到多种因素影响。

最后，消费结构的变化对生态农业产业效益的影响特性。社会经济和人们生活水平的提高会引起消费结构的变化，进而导致生态农产品产业化规模及结构的变化。如日本是传统的水稻生产国，水稻占农业产值比例较大，而随着战后经济的腾飞，日本人以鱼米为主食的消费结构发生变化，表现为对肉、乳、面粉等的消费大量增加，而大米的食用日益减少。农业构成中，水稻产值及播种面积下降，而蔬菜、水果、畜牧产值及种养规模增加。因此，消费结构是生态农业产业效益的影响因素之一。

三　农产品主销区与生态农业产业效益

农产品主销区有几种类型，一类是国内的经济发达地区，如我国的沿海经济发展较快的省市，这类省市是农产品对外贸易发展的便利地区；另一类是国外的农产品主销区，如欧洲的部分国家，以及非洲的部分贫困国家，这类农产品的供给表现为农产品国际贸易价格，农产品的国内外贸易价格是在国内外贸易中实现的。

1. 经济增长为农产品主销区提供贸易条件

自经济学产生以来，经济增长就成为最令人感兴趣的话题。农业生态经济的增长为生态农产品主销区提供了贸易条件。诺贝尔经济学奖得主罗伯特·卢卡斯说过：一旦一个人开始思考经济增长，他将很难再去思考其他问题了。亚当·斯密是经济增长理论的先驱，对贸易起源以及国家财富积累和增长问题的研究开启了经济增长理论体系的大门。随后，李嘉图、托马斯、马尔萨斯等学者继承并发展了斯密的观点，构建了古典经济学派，强调资本积累和劳动分工对于经济增长的贡献。古典学派另外一个巨大的贡献在于提出了国际贸易分析框架，例如斯密用"绝对优势"理论解释了贸易的起源与发展，而李嘉图则用"比较优势"初步回答了为什么劳动生产率较低的国家（穷国）与劳动生产率较高的国家（富国）仍然可以进行贸易往来这一问题。随后，新古典经济学派的出现，使得经济增长和国际贸易理论经历了一次彻底的革命。其中，对国际贸易经济贡献最大的当属赫克歇尔和俄林提出的"H－O模式"，他们认为贸易的后果是使商品价格均等化，要素价格也有均等化的趋势。

运用经济增长理论来分析生态农业主产区与生态农产品主销区的生态农业产业效益问题，对于构建生态农产品主销区概念具有重要理论指导意义。如果说经济增长，或者说生态农业经济增长在农产品主销区起了决定性的作用，那么我们的问题是，在生态农业主产区与生态农产品主销区之间如何实现利益的均衡。利益水平的差异会造成交易中的价格冲突，并进一步导致生态农产品主销区与生态农业主产区的利益矛盾，如何解决这一矛盾，以及实现生态农业产业效益的提高，是本书必须面对并且解决的重要理论和实际问题。

2. 生态农产品主销区概念及主要内涵

（1）生态农产品主销区概述。生态农产品主销区的形成是建立在已经知道消费市场这一假设的基础之上的，事实上，这是经济和工农业分工的双重作用结果，人们总是在居住地工作、生活和消费，因此，劳动力从一个地方转移到另一个地方时，就意味着消费市场的转移。在大多数情况下，可以说地区内生产要素的分布决定着消费市场的形成，决定着消费市场的规模。

我们假设自然资源、劳动力和资本的分布都是已知的，然后再研究这些因素与两者市场位置和规模的关系。如果人们所有的收入都用来消费而没有储蓄，并且在地区内居住的人们拥有这里的土地与资本，对于生产因素来说，在特定时期的收入和付出的价格相等。因此，如果知道当地这些因素的分布，价格是由价格机制所决定的，那么，就可以确定该区域的收入和购买力。假定个人想要拥有和控制这些生产要素，那么，个人收入和消费品需求就会通过价格机制发生关系，因此，我们就可确定生态农产品主销市场的特点及其消费状况。

然而，应该花费在这个生态农产品主销区的部分收入被用在了其他地方，而其他地方的部分收入又被花费到这个区域。假定地区 A 的自然资源和资本可能被那些居住和消费在 A 区外的人所有，同时地区 A 的居民也可以从其他地区获取收入，那么，这就影响了地区 A 和其他地区货物的购买量和卖出量，一个生态农产品主销区的市场规模和特性不仅由当地生产要素的分布和个人偏好所决定，而且也取决于生产要素的所有权，取决于生产要素的运用程度。

（2）生态农产品主销区的主要内涵。生态农产品主销区生产要素供给随价格的变化而时常发生变化，但贸易在一定程度上是由相互依存的定价体系和实际供给确定的，这是生态农产品主销区价格规律的客观要求。如果进一步探讨价值规律的发展，则会看到要素供给受贸易波动及价格的影响。生态农业主产区与生态农产品主销区的贸易有密切关联性，社会化生产分工的基础与其说是生产要素的实际供给，还不如说是支配供给的各种条件、价值规律的作用。

问题的实质在于，生态农业主产区与生态农产品主销区之间的区际贸易（或国际贸易），生产要素的供给以及商品的需求是相互影响的。价格和贸易是实际需求和供给的结果，影响要素价格均等趋势的因素不确定，但使实际潜在的生产成本均等化的趋势是明显的。因此，重要的区别不在于区际贸易价格之间，而在于一个和多个市场的价格理论之间。

3. 农产品主销区与生态农业产业效益

农产品主销区是农产品商品价值实现的场所，也是生态农业产业效益实现的区域。生态农业产业效益是农产品主产区高效率利用既定资源而创造的增量利润，而农产品主销区的生态农业产业效益是通过贸易反映的价格关系体现的。生态农业产业效益由利益分配机制和风险共担机制两部分构成。农产品利益分配是指农户和企业资源的组织方式以及在政府政策支持的条件下，由产权关系决定的对"合作剩余"控制权的重新分配关系，它是生态农业产业效益的核心问题，合理的利益分配机制通过一定的利益分配方式来实现，分配方式是实现分配机制的具体方法。在农产品主销区，农产品的价格也是一种市场价格机制的表现，通过一定的贸易关系、交易关系来体现，是一种等价交换关系，但这种等价交换关系是表面的，实质上具有不等价的内涵，因为农产品是一种自然风险较大的商品，这种风险主要体现在主产区，而不是主销区。

生态农业产业效益风险共担机制是指对可能出现的风险而造成的损失在农户、农业经济组织和政府之间进行分担的机制。作为农产品主销区有义务缴纳一定比例的农产品风险基金，使风险造成的损失在农户或者农业合作经济组织成员之间进行合理分摊。这样生态农业产业效益才能在农产品主销区得到体现，农业商品"利益共享，风险共担"的原则才得到实施，生态农业主产区和农产品主销区能够共同承担市场风险和利益损失，真正结成共荣共损的利益共同体，从而使生态农业产业效益稳步提升，生态农业产业化经营体系良性运行、充满活力。

第三节　产权管制理论

产权是一组权利束，是所有权、经营权、收益权以及污染权等权利的统称。国内外研究产权在资源产业发展中的作用时侧重点不同，西方成熟的市场经济国家，对产权界定比较明晰，所有权、经营权以及收益权的关系比较明确，产权对资源产业发展的影响主要是规制外部性。因此，本节首先从产权与所有权的辨析着手，分析了产权管制概念体系的内涵与外延，区分了它和产权歧视、契约治理及权利排他性之间的差异，提出了"产权管制－公共领域－租金耗散"的经济学理论范式，以指导生态农业产业的供给侧结构性改革及其深绿色创新。

一　产权管制概念体系的界定

我们分析产权管制前必须明白，产权管制的对象是产权而不是所有权，因此，分析必须从产权的概念开始。不过，在此之前还有一个更加重要的前提要说明清楚，那就是所有权和产权之间的关系。这是因为生态农业产业供给涉及产权和所有权的问题，如果不把所有权和产权的概念界定清楚，不辨别和厘清它们之间的联系和区别，就难以对产权管制范式展开分析，也就难以说清生态农业产业供给侧创新的理论问题。

1. 产权概念的界定

产权首先是一种法律界定。从法学视角而言，财产所有权的界定可以追溯到古罗马法："它是指所有制在法律许可的范围内对财物的使用权和占有权。"而中国《民法通则》规定："财产所有权是指所有人依法对自己的财产享有的占有、使用、收益和处分的权利。"换言之，所有权是财产归属的法律形式，它体现了所有权者的意志和支配力量，具有法律赋予的强制力。E. 菲吕博腾和 S. 配杰威齐（E. Furubotn and S. Pejovich）认为所有权反映的仅是人与物之间的归属关系，所以有时候人们把它和物权及法权交替使用，而产权都是物的存在而引起的人与人之间的相互认可的利益分配关系。

由此可见，产权体现的是人与人之间的契约关系，是在竞争达到均衡状态下时人们所获得的对稀缺资源的排他性权利，是用来界定人们在竞争稀缺资源中利益得失分配的博弈规则。除了法律制度外，它还由政治制度、道德伦理和文化传统所决定，而所有权则由法律决定。

由此得出概念，所有权和产权均是对稀缺资源的排他性权利，但后者是在前者形成的基础上通过现在所有者的实际运用和与潜在所有者进行竞争这两种方式产生的排他性权利，是竞争达到均衡状态时能够让所有者真正形成的排他性权利。

2. 全所有权型产权与偏所有权型产权的概念

从经济学中的产权定义可知，产权的理性行为主体在竞争后获胜并能够行使对物品有价值的排他性权利，即在所有权的法律界定清楚的条件下，所有权能否变成完全按所有者意志支配的产权还取决于所有权主体在竞争和行使权力这两个方面的能力大小，也就是竞争能力强，所有权所能行使的物品价值的排他性就强，反之则相反。由于所有权主体在竞争和行使所有权能力上的有限性，他们要考虑物品价值自身的成本和收益变化。这时候，当所有权主体同时具有较强的竞争和行使所有权的能力时，说明其收益大于由此产生的成本，那么这个所有权全部都能直接构成所有权主体实际得到的产权。在产权改革的条件下，这种情况下的所有权完全转变或者说等价于产权，因此称之为"全所有权型产权"，以区别于所有权仅部分转化为产权的"偏所有权型产权"。但必须注意的是，所有权是通过竞争来实现的，没有竞争就没有产权，以上所说的两种产权形式都是在所有权主体具有较强的争夺资源权利或获取权力租金的竞争能力的前提下行使的。

所有权主体行使所有权的收益弥补不了成本的损失时，他们只能自动放弃一部分在法律上赋予的所有权而将其留在"公共领域"，这是假设所有权主体具有较强的竞争能力而行使能力较弱，所以经过考虑预期的所有权行使成本与收益之后，他们只好放弃所有权中无法充分界定和实施的有价值属性的权利。这样，潜在所有者之间将竞争获取并分享剩余的权利，这就是偏所有权型产权。

3. 产权管制概念体系构建分析

我们分析产权管制概念体系，主要是分析被管制的产权的结构具体包括哪些，固定权利（占有权、使用权、收益权和转让权）和剩余权利（剩余索取权与剩余控制权）之间是否存在对应关系。

这里的分析仍沿用张五常的产权结构定义，认为固定权利集合中的使用权、收益权和转让权构成这个被管制的产权，而不对占有权或狭义所有权进行深入探讨。因为后者仅仅是行为主体对物的归属关系的声明，它可以独立于交易关系而存在。

诚然，仅仅以固定产权来理解和分析产权管制逻辑下的产权结构不仅过于笼统，也与现实相悖，而现代计量和经济分析更多地使用剩余权利等可操作性概念。因此，笔者这里在使用权、收益权和转让权等契约明确规定的范围内，清晰界定的固定产权之基础上，进一步探讨契约没有明确规定的项目条款或所有权没有界定清晰的公共领域的剩余权利集合问题。这种不完全契约是经济系统的不确定性、行为主体的有限理性与资源属性多样性等造成的结果。

剩余权利的研究主要集中在现代公司理论的文献中，格罗斯曼与哈特（Grossman and Hart）强调公司的产权结构是指剩余索取权和剩余控制权的统一对应关系。所以，我们把剩余产权结构理解为剩余索取权与剩余控制权的对应统一关系。

剩余索取权最早由阿尔钦和德姆赛茨在《生产、信息成本和经济组织》一文中指出。他们认为，要素所有者放弃要素产权以获得固定报酬，而中心签约者与其他要素所有者签订契约形成一个生产团队或者一个发展团队，团队的总产出扣除固定契约支付后的剩余部分是契约没有明确分配的。但是，生态农业产业供给侧结构性改革过程中，信息成本的存在使得考核单个成员的边际贡献的难度增大，为了有效监督团队合作中的偷懒现象，可赋予这个中心签约者获得那部分剩余收入的索取权。现有企业理论将索取权分为获得契约固定收入的索取权以及合伙的契约尚未明确规定的不固定收入的索取权两部分。具体来说，这种剩余收入可能是一种随机的收入，如对于雇员的人力资本专用性投资所产生的占用性收益，公司为鼓励雇员积极进行人力资本投资从而实现市场价值，只好分割部分收益给他们，但在具有不确定性的状况下，该收益却随着公司市场价值的变化而变化。所以从长远来看这部分报酬也是"随机游走"的，即要素所有者的固定收入和剩余索取者的变动收入均是跟随公司经营状况变化的，我们称之为"随机索取权"。不过，这种随机收入的索取权是损益参半的，而剩余索取权具有收入非负性特征，否则没人愿意对团队生产进行监督。后者对一般的风险规避型分散决策主体具有稳定的激励能力和激励作用，所以我们按照学术传统仅讨论剩余索取权的管制，它与固定收益权是对应关系。

我们再看控制权，笔者认为它应该包括固定控制权和剩余控制权。其中，固定控制权指的是契约中所规定的关于资源的使用和转让的权利，而剩余控制权指的是契约中没有明确规定的状态出现时的相机决策权利。我们知道，过去的产权经济学家们强调的是剩余索取权，甚至把公司产权等同于它。那是因为他们主要研究的是所有者身兼经营者的古典企业形态，在这样的经济组织中只存在唯一的剩余索取者，也就是他既是所有者也是经营者。所以最大化其净收益就等同于最大化所有契约参与者的利益，也就是他会做出最有效的监督和决策。然而，以哈特和莫尔（Hart and Moore）为代表的新产权经济学家则认为剩余控制权决定产权结构，即 GHM 框架是把产权结构定义在最终控制权的空间内，从而将其他权利（如剩余索取权）作为派生物的结果。例如，从动态时间序列的演进轨迹看，随着团队经营状态的变动和契约参与者间的讨价还价能力的调整，原来由契约规定的活动权利可能被重新配置；当组织在非正常状态下（亏损甚至破产），各团队成员的利益均会受损，这时就需要赋予最大受损方以公司的控制权。这就是说，只有掌握了控制权才有机会重新配置团队财产，以弥补其损失，同时，让最大受损方掌握控制权会比较有效率，因为它最有动力再造团队财产。诚然，团队的控制权并不是想象中的那样是自由转移的，而是依靠成员之间的谈判博弈来完成的，谈判结果表明，谁的讨价还价实力最强，谁就拥有团队的剩余控制权。因此剩余控制权是否会发生转移，会转移到谁的手中，这些问题都是随机和不确定的。

二　产权管制的制度效应

1. 财产权利管制的特征

众所周知，产权经济学起源于 R. H. 科斯（R. H. Coase）的《社会成本问题》一文，其中讲到在所有者之间转移一组"完整的"权利，并未提及这种权利管制的问题。然而，国家和个人之间的利益分配同通过讨价还价的序贯博弈过程，以及利益的调整和重新分配，使博弈者或产权主体的行为也受到影响。抑制这种影响和调整利益关系，就会出现产权管制问题。

这里需要研究的是，产权管制包括国家对产权在资格赋予、使用程度、分散决策及主体配置资源能力发挥这几个方面予以强制性外部约束，它与权利的排他性和契约治理又有所不同。

首先，权利排他性并不等同于产权管制。产权是给予人们对物品那些必然发生矛盾冲突的各种用途进行选择的权利，这种权利并不是对物品可能的用途施以人为的或强加的限制，而是对这些用途进行选择的排他性权利；换言之，产权管制不是产权排他性的内涵。产权学者阿尔钦认为，如果限制我在我的土地上种植玉米，那将是一种强加的或人为的限制，他否定了一些并没有转让给他人的权利。人为的不必要的限制不是私有产权赖以存在的基础。由此推论，产权管制是与私有产权相对立的，前者是对后者的否定和破坏，因此我们就把与私有产权相反的国有产权对应于完全产权管制结构。由此认为，产权排他性是对产权主体的经济自由权利的保护和支持，而产权管制都是对分散决策个体的自由使用、获益或转让权利的限制，禁止剥夺。

其次，契约治理也不是产权管制。在经济组织中，拥有不同比较优势的各种各样的互为专用性资源的所有者们通过契约安排与某个中心契约者自愿达成一致意见，这里的前者愿意自动放弃本来属于他们的资源产权，但以获得固定报酬为条件；后者则必须支付该笔固定报酬，换来对资源的产权，最后获得剩余收入。此时，这份契约就能够一方面限制后者将来作为一个整体为这个所有者的集团利益服务而不是为任何单个所有者的利益服务，另一方面限制前者的机会主义和"道德风险"，这种限制和利益服务是因为他们都想在组织专用性资源的混合准租金中能够占有一定份额。显然，这种通过契约治理机制而约束利益相关者行为的方式是以资源产权和所有权为前提的。这种契约是在各方平等、互利、自愿和独立的条件下形成的，而产权管制是强制性的、非自愿地对私人产权的争取甚至删除。

最后，产权管制从形式上而言，其实是财产权利分配到国家手中并受其支配的经济行为。鉴于产权本身的特性，其与一般的政府管制有着十分明显的差异，主要表现在以下三个方面。

第一，传统的管制经济学把政府管制定义为国家出于政治和经济的目的而采取的干预经济的活动，它包括修正或控制生产者或消费者的行为，决定"价格、生产什么、生产多少、谁生产、怎么生产"等问题，因而可作为衡量政府与市场之间相互作用的一个尺度。这里分析的产权管制具有更加深刻的产权经济学含义，它更加具体地描述出控制和决定"价格和生产"的制度逻辑。具体分析，其结构及程度能够作为计划体制和市场体制的区分标准，如前者属于产权全面管制的制度结构，后者则是无产权管制结构。

第二，管制的理论逻辑源于垄断造成的效率损失。如专利权、特许经营权及规模经济所引起的自然垄断，不完全信息和公司战略产生的托拉斯行为都被视为危害"公共利益"，国家为维持"公平竞争"的市场秩序应实施管制措施。

第三，管制经济学产生并发展于成熟的市场经济系统。它是在产权属于私人所有的前提下分析政府对企业的管制及其影响。而这里分析和倡导的产权管制"内生于"产权基本由国家控制的计划经济环境，那是一个没有市场存在的制度结构。

2. 公共领域：产权管制的产物

我们首先分析公共领域的概念。在产权经济学中，巴泽尔（Barzel）首次采用公共领域概念研究产权的资源配置功能和作用。他的着力点是通过资源属性的多样性和可变性的特征而引入公共领域的概念：商品具有许多属性，其水平随商品不同而各异。要测量这些水平的成本极大，因此不能全面或完全精确。面对变化多端的情况，获得全面信息的困难有多大，界定产权的困难也就有多大。因为全面测量各种商品的成本很高，所以每一桩交换中都存在获取财富的机会。获取财富的机会等价于在公共领域中寻找财产。在每桩交换中，有些财富溢出，进入公共领域，个人就花费资源去获取它。人们总是期望从交易中获得好处，所以他们也总是会为获取财富花费资源。为了促进他们个人权利的分离，可以对所有者的行为施加限制。不完全的分离使得一些属性成为公共财产，进入公共领域。进一步而言，公共领域是权利没有被清晰界定的部分，并且由商品属性的多样性及其变化造成的考核成本过于高昂而令人却步。于是，在公共领域中都是那些没有被准确了解的属性和那些"所有者缺位"的资源，而任何愿意花费资源或支付费用的个体都可以进入且没有个体拥有排斥他人进入的权利。

诚然，这里分析判断，除了资源属性的测量代价过高会造成公共领域的产生外，国家对私人权利实施管制也同样可能促使公共领域产生。那就是说，由于国家实施产权管制而剥夺了个人适用资源而获益的权利，私人将没有动力同其他人签约和规定资源的最佳用途，也没有动力像使用私人财产那样使用其资源或排斥他人使用。同样道理，若私人权利中的剩余控制权被国家实施管制，个人即使愿意也无权把资源运用到对其评价最高的地方，更不能合法地排斥他人使用资源。这里进一步分析，当资源的剩余索取权和剩余控制权都被国家管制起来后，个人便对资源配置"无心无力"了。这三条产权管制逻辑告诉我们，产权管制将意味着没有个人愿意或有权规定该资源的用途而排斥其他人使用。

这样就会出现运用和保护资源的责任落到产权管制者身上的结果。但是，国家作为唯一的产权管制者，却受到产权管制程序和技术两方面的约束，导致那些原已缺少私人运用和保护的资源成为公共资源并产生公共领域。一方面，国家是唯一合法的产权管制者和领导者，而经济系统和经济存量改革中的资源分布、数量和品质差异较大，加上经济增量创新中每种资源的属性多样且会变化，要完全测量生态农业绿色发展中不同种类资源的每一个属性，这样的工作量对于国家而言实在太大，尤其是需要界定的属性越多越复杂，花费的时间越长，不确定性因素便越多，国家拥有考核属性的知识就越不完全，权利界定以及产权管制的成本就越高。因而，它需要委托其产权管制代理者帮它完成此类工作。不过，该代理者可能出于最大化自身利益的目标而做出偏离国家实施产权管制目标的机会主义行为，而在运用和保护公共资源上倾向"偷懒"，因此，公共领域产生。另一方面，在生态农业绿色发展过程中，虽然国家可以在法律上宣布并做出运用和保护公共资源的明文规定，但是在实际的产权管制执行中会遇到技术上的困难。资源一般具有多重属性，这些属性会随着时间而发生变化，国家要运用和保护公共资源首先要了解和把握资源的多重特征或属性，但这种了解和把握是以信息为载体，要知道在真实世界，即在生态农业绿色发展中信息的收集、汇总和传递是需要耗费一定资源的。按此逻辑，除非信息是免费的，否则在生态农业产业供给侧结构性改革与绿色创新过程中，国家不可能做到对成千上万的各种农业绿色植物的千差万别的属性进行及时监督和保护。当人们相信考核农业绿色植物学属性的收益将超过成本的时候，他们就会运用和保护产权；相反，当人为界定权利的收益并不足以弥补成本时，他们就不会去运用和保护权利，从而把这种权利置于公共领域。

3. 产权管制、公共领域与租金耗散

前面介绍了产权管制和公共领域，这里，我们将进一步考察产权管制是如何导致公共领域内的经济租金耗散掉的。值得注意的是，这里的"租金"从来源上看，是没有被界定清晰的所有权的价值，或者说是产权主体竞争索取部分所有权以后，由于行使能力受限而留在公共领域内的资源权利的经济价值和物品价值。此外，该"租金"与土地租金无关，但有相类似的地方，它可以理解为在一定时期固定不变的资源，由于提供服务而获得的可变化的收入流。其实，从社会成本的角度分析，一项完整产权的经济价值和物品价值可以分为被产权主体界定清晰的垄断性（收敛型）租金和留在公共领域的竞争性（耗散型）租金。前者是产权主体耗散资源而竞争得到的，再加上要对这部分租金在确权之后实施保护，因此在首轮竞争均衡条件下的垄断性租金在边际上应该等于确权成本与保护成本之和；后者就是潜在产权所有者耗费资源获取权利的经济价值和物品价值，该部分

租金在第二轮竞争均衡条件下等于追逐权利的成本，直到在边际上等于零为止。

诚然，在完全没有产权管制的情况下，使用从而获取收入（租金）的权利是个人所有的，该管制安排将使租金成为均衡条件下的私人成本。在产权实施全面管制而且个体之间没有合谋的情况下，租金就成为剩余，每个个体都会最大限度地获取别人留下的部分。此外，根据上文分析可知，产权管制是把一部分有价值的资源置于公共领域里。而这些留在公共领域里的资源的经济价值和物品价值便构成"租金"。那么，只要公共领域里的租金为正，便会诱使理性行为个体进入公共领域实施"获取租金"行为。这样，公共领域内的资源随着追租数量的增加而减少，最终出现资源的租金价值全部消失的结局。

值得注意的是，租金耗散是一个程度问题，但只要产权被管制住，公共领域便会出现。而且，产权管制的程度越高，公共领域的范围就越大，租金耗散就变得越厉害。但均衡只要求有关的边际租金完全耗散。租金耗散是一种非生产性活动的结果，对经济总产出水平会产生外部性。外部性为什么还会如此之普遍呢？对此，经过多年的探索和研究，经济学家给出的逻辑是，制度失效，导致生态环境恶化、资源退化等一系列环境问题。

4. 废弃物大量排放：公共领域

环境污染的直接原因不仅在于人类在生态环境中获取大量资源，而且更在于向生态系统及环境中排放了大量废弃物。人们会问，为什么能够将大量废弃物排放到生态系统及环境之中，而没有人出来制止或者有效遏制企业或者居民的排放行为呢？其中一个直接原因在于生态环境系统是一个公共领域，公共领域的产权不清晰，限制其他经济主体向这一领域排放废弃物的成本是高昂的，收益是没有的。同时，表现为外部效应的内部化，向公共领域排放废弃物能够使自己的经济行为或者生活行为以比较低的成本有序进行，即能够实现自己行为内部效用最大化。这就需要对公共领域的概念及其外部性进行研究和探讨。

那么，何为公共领域，它的内涵是什么值得探讨。公共领域这一范畴是政治学家汉娜·阿伦特首创，她的研究素材源于古希腊的政治经验。在汉娜·阿伦特看来，城邦既是一种历史现象，又是一种规范现象。正是在对城邦进行重新思考的基础上，阿伦特对"公共领域"做了精彩的论述。这样，城邦就构建了阿伦特"公共领域"的历史语境，最早的"私人"与"公共"体现在古希腊的城邦生活中，私人生活领域与公共生活领域的区分分别对应于家庭领域与政治领域的区分。在阿伦特那里，"政治领域"实质上就是"公共领域"，其内涵包括：一是公共性意味着这样一个世界，所有的人都能投身、安置其中；二是建立在"为他人所看见和听见基础之上"的现实性；三是由若干代人建立的空间，它使得处于其中的个人超越了自身生命的限制。从历史维度看，公共领域经历了三种形态的历史演变：古希腊城邦时代的公共生活中封建社会的"代表性公共领域"，处于现代民族国家和市民社会框架之中的资产阶级公共领域，现代社会为广大民众的生存和发展所提供的公共产品领域。三种不同的公共领域所表现的形式是不同的。

那么，我们可以对"公共领域"概述如下：公共领域是相对于私人领域而言的非排他性领域，私人领域是一个产权明晰的领域，一个生活领域如果是公开的，并且有着某种可共享性和可进入性，就是公共领域。公共领域是一个非排他使用和消费的领域，人们不受排他性因素影响而进行消费。

5. 生态环境质量交易制度缺失

科斯对外部性的分析是深刻的，科斯不仅认识到外部性问题的存在以及外部性对资源配置的影响，而且还认为，外部性不是单向的，外部性影响是双向的。在分析其外部性的影响时，对于化工厂排放废气损害周围居民健康而采取的措施如下：一是让化工厂对居民的健康损害进行赔偿；二是制止化工厂对居民的健康进行再损害，即让化工厂不再排放废气或者减少废气的排放。但科斯认为这种处理方法是错误的。因为我们分析的问题"具有交互性质"，即避免对乙的损害将使甲遭受损害，必须决定的真正问题是允许甲损害乙，还是允许乙损害甲，关键在于避免较严重的损害。科斯教授认为，我们思考问题不能只从一个视角来看，如果企业生产的经济效率比较高，所带来的生态环境损害要通过经济效益来补偿，而且不管企业是否有权向空气中排放废气，只要企业向空气中排放废气的事实是清晰的，同时，市场机制是完善的，那么，化工厂与周围居民之间的自愿协商就能够将外部性内部化，从而实现全社会资源配置的最优化，或者说，只要产权界定是清晰的，并且交易成本为零，市场交易就能够将外部性内部化，并实现资源优化配置，这就是科斯定理。按照科斯的逻辑，我们之所以强调的是生态环境质量市场交易，而不只是排污权交易，其核心在于排污只是生态环境的一个方面，另一方面还存在那些维持生态环境质量、对生态环境质量做出贡献的区域或者主体。他们为优化生态环境做出了积极贡献，那么优质的生态环境也是一种商品，也具有价值和价格，也可以进行市场交易。从我国的实际情况来看，长期以来缺乏生态环境质量交易制度和碳交易市场，从而也很难启动市场机制来优化生态环境资源的配置，促进生态农业效益的提升。中国虽然在20世纪80年代引入了排污权交易制度，目前已有部分省市开展了试点工作，在排污权交易范围、排污权交易主体、排污权交易对象、初始排污权的配置方式以及排污权交易二级市场等方面进行了卓有成效的探索，并取得了一些成效和经验，但从整体上看，我国排污权交易仍然存在以下缺陷。一是重排污权交易，轻整体性制度设计；二是缺乏有法律约束力的总量控制目标，排污权"稀缺性"和"资源性"不够；三是初始排污权分配方法单一，效率与公平兼顾不足；四是二级市场交易中的公平性制度设计缺乏，绿色理念在排污权交易中体现不够。

6. 生态补偿机制不健全

生态农业绿色发展使对环境问题的思考跳出了自然的层面，扩展成为生态、社会、经济、政治整体的观念思考，这就需要建立生态补偿机制。这是因为，在保护环境和提升资源生态效益的过程中，不仅存在大量负外部性，同时还存在大量正外部性，既存在农业资源的正能量，也存在农业资源的负能量。按照庇古的说法，不管是正外部性，还是负外部性，其核心都是边际私人收益与边际社会收益、边际社会成本与边际私人成本的偏离和差异。要消除这种外部性的差异性，必须使边际私人收益与边际社会收益、边际私人成本与边际社会成本相等。如何实现这一目标，以实现私人边际收益与社会边际收益的统一，庇古认为，对于产生负外部性的主体，应征收一定税费，使之减少负外部性。由于边际私人收益低于边际社会收益，边际私人成本大于边际社会成本，进行正外部性活动的动力不足，为激励其长期从事正外部性的活动或者使行为持久，一种有效的办法就是对其行为给予补贴，使其行为的边际私人收益等于边际社会收益，边际私人成本等于边际社会成本。

正是在庇古这一理论的指导下，世界各国开始进行生态补偿机制设计与实践的探索，并取得相应的成效。中国也从 20 世纪末开始进行生态补偿的实践，目前生态补偿的项目主要有天然林资源保护工程、生态流域补偿、退耕还林工程、森林生态效益补偿和生态转移支付等。这些补贴政策的实施已经取得了初步成效，有的补偿政策起步较早，如天然林资源保护工程 1998 年启动，涉及全国 17 个省（区、市）的天然林 7300 公顷，占全国 1.07 亿公顷天然林的 68%。至 2012 年，国家生态转移支付预算 300 亿元，全国有 600 多个县获得生态转移支付。[①] 但是，生态农业绿色发展生态补偿还存在许多缺陷，生态保护者的权益和经济利益得不到保障，还存在以下主要问题：一是生态补偿缺乏系统的制度设计，国家还缺乏统一生态补偿机制及政策框架；二是利益相关者参与不够，生态补偿多为政府单方决策，没有利益相关者参与协商的机制；三是生态补偿标准的确定没有充分考虑保护森林、草地、湿地等的生态功能，以政府支付能力为基础进行确定，补偿标准过低；四是生态保护者与生态受益者存在错位现象，从理论上讲，生态补偿资金主要受益者是各个对生态保护有贡献的企业、家庭及基层政府，而对生态做出直接贡献的主体没有得到补偿，如林区的林户、生态保护区的农户等；五是跨区域的补偿机制没有形成。总之还是从生态农业绿色发展的浅层次来认识和解决当前人类面临的生态问题，把环境问题单纯看成工业污染问题，所以工作的重点是治理污染源，减少碳排量和污排量，所采取的措施主要是给企业补偿资金，帮助它们建立净化设施，并通过征收排污费或实行"谁排污，谁治理"的原则，解决环境污染的治理费用问题。

三　污染大量排放：公共产权视角下的解释

环境和生态问题的关键在于人类经济活动中的排放量超过了环境自我消化量，使生态环境自我恢复能力下降或者失去自我修复能力。其经济主

---

① 欧阳志云、郑华、岳平：《建立我国生态补偿机制的思路与措施》，《生态学报》2013 年第 3 期。

体之所以能够过量排放，其原因是多方面的，但根本原因在于资源生态环境产权是一个公共产权。

1. "公地悲剧"与公共产权的关系

我们在研究公共产权关系时自然会想到"公地悲剧"的寓言故事，美国环保主义者加勒特·哈丁曾以寓言的形式讲述了一个"公地悲剧"的故事。一片草原上生活着一群聪明的牧人，牧人们各自勤奋努力工作，增加自己的牛羊。其畜群不断扩大，终于达到这片草原可以承受的极限，每再增加一头牛羊，都会给草原的生态环境带来损害。但每个牧人的聪明都足以使他明白，如果他们增加一头牛羊，由此带来的收益全部归他们自己，而由此造成的损失则由全体牧人分担。结果是牧人不懈努力，继续繁殖各自的畜群。最终，这片草原毁灭了。如今，"公地悲剧"现象已经成了低碳发展和生态发展过程的一种象征，它意味着任何时候只要许多人共同使用了一种稀缺资源，便会导致环境的退化和恶化。

人类经济和社会生活中，不仅仅是土地资源，其他很多自然资源和生态资源也都存在"公地悲剧"问题。那么，我们通过对环境资源的分析，从而得出公共资源的概念。一种资源如果不具有排他性，则每个人都会出于自己的利益考虑，尽可能地使用它，如果这种资源同时又具有非竞争性，则这种资源为"公共资源"。

通过以上分析可以得出公共产权的概念。公共产权是指人的共同体对财产或对稀缺资源享有所有权、公共使用权、公共收益权和公共支配权等。所有权决定使用权、收益权。而使用权、支配权、收益权是所有权的实现。我国宪法规定，城镇土地、森林、河流、矿山等资源都是国家财产，属于公共产权。如果将财产的使用权、转让权以及收入的享用权界定给一个共同体，在共同体内由于每个成员行使这些权利的干扰，那么产权就表现为公共产权。

以上分析表明，在公共产权明晰的基础上，产权要求所有权、支配权、使用权、受益权明确，才能实现利己与利他的统一，实现人与自然的和谐发展，构成生态发展和可持续发展的生态经济。因此，只有在公共产权和其他产权明晰的情况下，坚持科学发展观，才能实现自己和社会的整体利益最大化。

2. 公共产权对生态农业效益的作用

我们通过对公共产权的分析，得出了公共产权对生态农业的发展具有重要作用的结论。产权具有较强的专一性和排他性，产权具有可分解性和交易性，一方拥有产权，另一方就不能占有该生态资源或自然资源，而其本人在使用资源的时候，他就会考虑怎样使用资源才能给他带来经济效益和生态效益。经济学家认为零污染意味着零发展，也就意味着零生态农业效益以及零经济效益，污染是一个无法回避的生态问题。由此需要产权的明确，所以庇古认为应当根据污染所造成的危害对排污者征税，用税收来弥补私人成本和社会成本之间的差距，使私人利益与社会利益相等。其促进生态农业效益提升的政策是：当边际私人成本大于边际收入的时候，实施补贴政策，采用政府补贴，反之征税，这种税叫作"庇古税"。这种税导致的结果是通过征税和补贴的办法实现高碳外部效应内部低碳化，实现生态农业效益的提升。

3. 碳汇交易与排污权交易

从现代产权经济学研究的成果来看，如果产权界定是清晰的，那么外部性内部化或者说生态农业效益方面的一个重要机制就是市场机制，应通过市场机制促进制度创新。

（1）碳汇交易。所谓碳汇是指从空气中清除二氧化碳的过程、活动、机制。碳汇是一种虚假交易，是一种责任担当或责任程度，是一种利益分配。一方的二氧化碳和二氧化硫排放侵害了另一方的利益，就要承担相应侵害程度的责任，以及分摊相应的利益。碳汇交易还是一种价值维度，即低碳价值和生态价值维度，这种价值维度以碳配额的形式出现，碳减排超过了一定的额度就要在碳汇市场购买。碳汇交易是一种制度约束，以制度形式约束碳排行为，以制度约束碳排主体，以制度促进排污权交易。

关于碳汇的制度主要有两种。一是以跨国投资为基础的碳汇项目。碳汇交易制度的具体设计与排污权交易有一些相似之处。二是以排放许可为交易对象的碳汇交易制度。制度包括问题控制、信息交流平台、配额的初始分配、交易之后的执行监督等制度。在碳汇交易中，实际排放的二氧化碳量少于配额的企业，可以在碳汇市场中出售多余的配额，而那些实际排放量超过配额的企业则需要到碳汇市场上购买配额，否则将受到处罚。这种配额在《京都议定书》的清洁发展机制中被称为"核证减排量"，在欧盟的碳汇市场中被称为"欧盟排放许可"。

通过以上分析，我们对碳汇交易提出如下建议：一是研究先行，全面提高碳汇管理的能力与水平，培养较高素质的专业队伍；二是积极探索全面碳汇交易，提高碳汇的购买需求，提高碳汇造林的可行性与吸引力；三是利用碳汇交易的契机，进行碳汇造林，增加农民收入；四是强化现有造林工程的碳汇经营与管理理念，增加造林融资渠道；五是做好碳汇造林技术与经验的积累，提升碳减排潜力。

（2）排污权交易。排污权交易的思路是19世纪60年代末由美国经济学家戴尔首先提出的，排污权交易这一理论的提出对于后来低碳经济的发展和生态农业效益的提升具有重要指导作用。排污权交易有质的规定性和量的规定性，质的规定性是排出二氧化碳和二氧化硫对空气质量的影响，量的规定性是指排污浓度的总体水平，都是以污染许可证的形式出现，污染许可证能够激励生产者积极控制污染源以提高生态农业效益。

通过对排污权交易的分析，特提出如下建议。

一是排污权价格政策的产业政策运用，实施有区别的排污权价格。鼓励发展现代服务业，对高新技术产业实行动态优惠的排污权价格，即排污权的损失由当地政府给予投资方适当的价格补贴。对于限制发展产品实行惩罚性政策，可以在排污权市场价格基础上适当加价，使排污权数量和价格纳入政府宏观调控的范畴。二是排污权交易机制与清洁发展机制的运用，着力培育排污权供给市场。这一政策主张是，市场主体需求的新增排污权可以从储备交易中心获得，根据具体情况也可以由该市场主体在主管部门允许的范围内，通过提供资金和技术帮助企业减排，并核定企业的排污量，其减排成果经核准后可以作为该企业的新增排污权。三是灵活运用差别价格引导排污权的空间优化配置，营造特殊的排污权供给区域。包括离饮用水源保护地较近的区域、离行政区交易面较近的敏感区域的废水排放权价格视具体情况也可以适当提高，因为随着跨界水污染补偿机制的推行，排污主体的交易断面水质将成为区域补偿的主要依据，而补偿价格必将高于补偿成本。由于排污权的价格总高于一些企业治理污染环境资源的外部性成本，从非合作角度分析，在很多时候，某个人（生产者或消费者）的一项经济活动给社会其他成员带来危害，但他自己却并不为此支付足够抵消这种危害的成本。此时，这个人为某活动付出的私人成本就不如外部经济，根据经济活动为主体的不同可分为生产外部的经济和消费外部的经济。

第三章　生态农业生产基地建设与供给侧改革

生态农业生产基地建设与供给侧改革的关系是，生产基地是生态农业产业化供给侧改革的载体和必要条件，生产基地建设是生态农业绿色发展的重要内容，也是新型农业经营主体培育创新的载体和必要条件。本章着重从供给侧结构性改革的视角，阐述生态农业生产基地建设的原则、步骤、内容与对策建议等问题。

第一节　生态农业生产基地建设的优化供给意义与原则

从我国当前及未来相当长一段时间来看，调整农村产业结构，促进生态农业产业化发展，优化农产品供给，从农产品的数量型供给向质量、数量型供给并重转变，重视从优化农产品质量方面提升供给能力，重视农产品的绿色技术含量，要全面深刻地认识绿色化农产品供给侧改革对生态农业产业化基地建设所带来的深远影响。

一　生态农业生产基地的含义

生态农业生产基地，是指产地环境质量符合绿色农产品生产有关技术条件要求，按照绿色农产品技术标准、生产操作规程和全程质量控制体系进行生产管理，并具有一定规模的种植区域或养殖场所。生态农业产业化经营中的生产基地是实现农业生产者和经营者利益的关键所在。因为无论是资源优势，还是产品优化供给，最终都必须通过生产基地建设才可能形成经济优势和商品供给优化，生态农业产业化的成效也主要通过生产基地建设来体现。可以说，生产基地是生态农业产业化发展和农产品优化供给的载体和必要条件，生产基地建设是生态农业产业化经营的重要组成部分，其辐射能力影响着绿色农产品的生产、加工、营销及整个产业链条的运转，影响着农产品的绿色化优化供给。

二　生态农业生产基地建设的意义

1. 生态农业生产基地建设是发展现代农业的内在要求

我国是一个农业大国，耕地面积以及农业劳动力数量在全世界名列前茅，但是农业的经营方式一直都是我国现代农业发展的主要瓶颈。生态农业生产基地的规模化发展，通过引导生产要素的流动和集中，来实现生产要素的最佳组合，充分发挥生态农业生产基地建设的作用，不仅降低了单位产品的生产成本，创造了品牌，优化了供给，而且优化了农业资源配置，推动了生态农业产业结构调整，是适应现代化生产力发展要求的。可见，生态农业生产基地建设是深化农业结构调整、优化农业生产布局、扩大绿色农产品规模、优化农产品供给、提升绿色农产品品牌形象的重要途径，是发展现代农业的内在要求。

2. 生态农业生产基地建设是提高农产品市场竞争力、优化农产品供给的重要举措

其影响生态农业产业化的经营规模和集约程度。生态农业生产基地建设对绿色科技的供给有极大的推动和优化作用，它可以使绿色农产品实现集中连片的规模化生产，能够使绿色农产品实现多渠道、少环节、开放式经营，推动生态农业标准化生产，农业生产者的积极性也能够被充分调动起来，并使产品质量提升，使我国绿色农产品的比较优势得到充分发挥。同时，我们还应看到，供给系统的基地建设弱化还会直接影响绿色农产品的生产加工，不能形成生态农业的产业链条或使生态农业的产业链中断，直接影响农产品的优化供给，影响农产品在流通、加工环节的利润，这无疑都会降低生态农业的生产效益和农民的收入。因此，进行生态农业产业化基地建设，对于优化农产品供给具有极其重要的现实意义。

3. 生态农业生产基地建设有利于绿色农产品质量保障体系的优化供给

随着消费者的食品安全意识的不断增强，绿色、生态、健康成为食品市场的主题。针对国外的技术性壁垒以及各种检验检疫制度，生态农业生产基地从根源抓起，加大了对生态农业生产的科技投入和全程监控力度，而这些是靠农业生产者个体难以做到的，只有生态农业生产基地发挥集团优势才能取得效果。生态农业生产基地建设是新阶段农产品质量安全管理的重要内容，是发展高产高效优质生态安全农业的重要手段，也是落实中共中央、国务院关于"扩大无公害食品、绿色食品、有机食品等优质农产品的生产和供应"的具体行动。

三 生态农业生产基地建设的基本原则

创新供给、优化供给是农业产业化发展的方向。从我国生态农业产业化的发展历程来看，生态农业生产基地建设在其中发挥了积极的引导和示范作用，包括生态农产品供给的品种推广、生态农产品生产过程供给的技术示范、生态农业产业化经营方式的引导、农业生态环境建设的示范和农业管理方式的引导等。生态农业生产基地建设应遵循以下原则。

1. 多元主体供给原则

多元主体供给要求在生态农业生产基地建设中，充分发挥各级地方政府的组织领导作用，依据市场导向和生态农业发展水平，坚持"统筹安排、协调发展、分步实施、逐步推进"的办法。在生态农业生产基地建设进程中，尽管政府是最重要的主体，但是这并不影响其他一些主体同样能够发挥重要作用。生态农业生产基地还应充分利用商会、协会等组织，发挥其调研、协调、服务等功能。发展合作社、商会、协会等组织，可以反映和收集生态农业生产经营者的要求和问题，组织制定生产标准和技术规范，协调生态农业生产经营者之间的关系。这些中介组织还能够以民间组织的角色与有关部门交涉和协商，开展相关贸易问题的对策研究，为政府有关部门提供决策依据。坚持以政府为导向、基地农户为主体、龙头企业和社会组织为补充的多元化建设主体，将有助于更加广泛地调动生态农业生产基地建设的积极性和创造性。

2. 资源优化供给原则

资源优化供给原则表明，相对于一般农业，生态农业的产业化更加强调和依赖于自然资源，绿色优势资源是生态农业生产基地建设的前提条件。在生态农业生产基地建设过程中应当以资源为依托，突出区域特点和地方特色，努力实现生态农产品生产向最适宜的区域集中；应促进绿色农产品产业链条上的资源合理配置，以逐步实现稳产、高产、优质、高效、安全、低成本的生态农业绿色发展目标。资源供给表明，资源先决原则还要求尽快实现生态农产品生产的合理布局，即一方面优化品种布局、降低生产成本，依据优质农产品的特性向优势生产基地集中；另一方面要求生态农业生产基地在生态区域上进行合理分布。在两个或两个以上的自然生态区域进行生产，以便于较好地规避自然灾害的影响。生态农业是一个高科技含量的产业，其生产投入物不是"原始"的，而是经过科学技术改良的，这是生态农业产业化实现专业化、规模化、标准化的客观要求。因此，生态农业生产基地建设必须从供给侧结构性改革入手，立足于高起点供给，不仅要加强种植资源的科技改良，而且要通过新技术、新工艺改造传统生产方式，提高绿色农产品的科技含量，增强绿色农产品的品质优势，提高生态农业产业化的整体效益，这是供给侧结构性改革所要达到的目标。

3. 规模供给适度原则

农产品供给结构表明，生态农业生产在分布上要形成一定的区域规模优势，只有这样才能突破小农经营规模不经济的瓶颈，并形成一定的产业规模优势，产生聚集规模效益，进而提高绿色农产品的比较效益。生态农业生产对产地环境要求比较严格，对产地环境进行改造将花费不小的成本，因此，对生产基地的产地环境进行筛选，无疑是合理明智的。从这个环境供给意义上说，生态农业生产基地建设具有一定的区域性和独特性。用于生产某种绿色农产品的资源大都存在于特定的生态区域内，并有最适宜、适宜和不适宜之分，规模过大，超出适宜区生产，就会导致生态农业生产基地的改造成本增大，进而影响资源转化价值取向最大化。因此，在生态农业产业化生产过程中要树立"最大不如优质，做大不如做强"的观念，充分考虑绿色农产品的市场需求弹性，保证生产基地的适度规模。

4. 科学高效供给原则

农产品供给结构优化要求必须科学合理，以适应生态农业产业化发展。为保证绿色农产品的质量，国家对生态农业生产过程中化肥、农药的使用量有严格的限制，绿色农产品产量的提高，主要通过加强作物自身抗病虫害能力、生物防病虫害措施、施用有机肥，以及农业生态系统内物质循环积累而获得，而一些生态农业生产技术出于资金原因尚不能大范围推广应用，造成了绿色农产品产量相对较低。要提高绿色农产品的产量，实现生态效益与经济、社会效益的统一，只有按照农业生产地或分工的要求，根据当地生态环境和资源条件，科学选择生态农业品种，从而突出特色、发挥优势，提高生态农业的效率。

生态农业生产基地建设过程中要严格遵守绿色农产品认证标准与认证要求进行操作，而生态农业生产基地建设在遵守标准的基础上应更深层次地应用农业生态工程的原理规划和设计基地，使基地的综合生产力得以提高。就我国生态农业生产基地建设的现状来说，多数基地生产单一，地块分布零散，即便有不同的生产单元与作物品种，但相互之间缺乏必要的联系，因此，实践中必须遵循科学高效供给原则，实现创新供给、优化结构，实现高效绿色化。

5. 生态环境保护供给原则

生态农业绿色发展必须有良好的环保条件。国家对绿色农产品生产、运输、加工过程有特殊的环保要求。一是生态环境条件必须符合国家颁布的农业产地的生态环境标准，这是生产安全优质农产品的基本条件，即绿色农产品生长区域内没有工业企业的直接污染，水域上游、上风口没有污染源对该区域构成威胁；区域内的大气、土壤质量及灌溉用水、养殖用水均符合有关标准。二是质保方面必须使用低毒、低残留且易分解的农药，在栽培方面对化肥和化学合成生长剂的使用必须在不对环境和农作物质量造成不良后果的限度内。三是在农产品的储藏、加工、运输过程中限制添加剂、防腐剂的使用量，并制定严格的防污染措施。

在建设生态农业生产基地时，坚持生态环境保护原则要求我们充分遵循经济规律和生态规律。经济规律包括经济规模、增长速度、能源结构、资源状况、生产布局、技术水平、投资水平、供求关系等。生态规律包括污染物的产生排放、环境自净能力、生态平衡能力等方面。应选择生态环境良好的地方建立生态农业生产基地，选择具有良好的气候、地形、地势、地貌、土壤肥力、水文、植被等适于栽培绿色农业作物的地方建立生态农业生产基地，以实现旱涝保收。

实现环境、经济、社会三大效益是各种可持续发展模式的共同目标。在生态农业生产基地建设过程中，生产、管理人员首先必须具备生态环境意识，包括对生态农业生产基地的绿化、美化，对土地、水资源的保护，尽量减少裸地，避免水土流失现象的产生，等等。保护好生态环境是消费者愿意花高价购买绿色农产品以激励农民从事绿色农产品生产的重要原因之一。经济效益也是绿色农产品生产极为重要的目标，一方面要通过综合生产提高生态农业生产基地的整体生产力，另一方面通过高价格回报来实现高经济效益。社会效益包括为广大消费者提供优质、安全、健康的农产品，为劳动者提供更多的就业机会。

第二节　生态农业生产基地建设的步骤与供给内容

提供新供给，创造新需求，发展生态农业，提供绿色农产品，是生态农业产业化发展的目标。实现这一目标，必须按步骤来建设生态农业生产基地。

一　生态农业生产基地建设的实施步骤

1. 基地选择

与常规农业一样，生态农业也是一种农业生产模式，且生态农业强调转换期，可以通过转换来恢复农业生态系统的活力，降低土壤的农残含量，首先要有一个非常清洁的生产环境，原则上所有能进行常规农业生产的地方都能进行绿色农产品基地建设。为了确保所选择基地符合生态农业生产基本条件，在选择基地时，必须首先按照《农田灌溉水质标准》（GB 5084 - 92）和《土壤环境质量标准》（GB 15618 - 1995）检测灌溉用水和田块土壤质量，要达到相应种植作物的标准，水质至少要达到二级标准。在周围存在潜在的大气污染源的情况下，要按照《保护农作物的大气污染物最高允许浓度》（GB 9137 – 88）对大气质量进行监测。

生态农业生产基地的选择要充分考虑相邻田块和周边环境对基地产生的潜在影响，应当选择环境污染较少的地方建立生态农业生产基地，确保在其周边 2000 ~ 3000 米的范围内无污染源；选毒源、病虫源少的地方建立生态农业生产基地；在邻近农药厂、化工厂、医疗单位的地方，不能建生态农业生产基地；选择交通便利、受交通工具污染较少的地方建设生态农业生产基地，这是因为绿色农产品种植面积较大，数量较多，需通过运输远销国内外，必须有良好的交通条件。

2. 基地规划

因地制宜地搞好生态农业生产基地规划，是生态农业产业化过程中一项非常重要的工作。在制订规划时：第一，应当对生态农业生产基地进行调查，了解当地的农业生产、气候条件、资源状况以及社会经济条件，明确在当地生产绿色农产品所可能遇到的问题；第二，在规划整体设计上要以生态工程原理为指导，参照我国生态农业中成功的模式，在掌握生态农业生产基地基本状况的基础上，为生态农业生产基地制订具体的发展规划；第三，在具体细节上要依据生态农业的原则和绿色农产品生产标准的要求，制订出一套详细的有关生产技术和生产管理的计划，有针对性地提出解决绿色农产品生产过程中土壤培肥和病虫草害防治等重要问题的方案；第四，要规划建立起从土地到餐桌的全过程质量控制模式，从技术和管理层面上保障绿色农产品的正常生产；第五，要规划生态农业产业化基地的运作形式和保障机制。运作形式包括公司加农户、公司反租倒包农民土地、公司租赁经营、农民以协会或合作社的形式组织生产等，保障机制则包括生态农业生产基地建设过程中的组织领导、资金投入等问题。

3. 人员培训

生态农业是知识与技术密集型的农业，生态农业生产基地建设牵涉的技术面更广，因此使生态农业技术人员与生产人员了解并掌握生态农业的生产原理与生产技术，掌握生态农业生产基地建设的原理与方法，是确保生态农业生产基地顺利建设的关键。因此，在生态农业生产基地建设过程中，必须由生态农业种植、养殖等相关领域的专家对相关的技术人员、生产人员进行以下几方面内容的培训：生态农业与绿色农产品的基础知识；绿色农产品生产、加工标准；生态农业生产的关键技术，农业作物的栽培技术，畜禽的养殖技术；绿色农产品国内外发展状况；绿色农产品认证的要求；绿色农产品的营销策略；等等。只有当生态农业生产基地的技术人员和生产人员真正具备了绿色农产品生产的意识，并掌握了相应的技术后，生态农业生产基地建设才能顺利进行。实践经验表明，当他们能够摆脱常规生产的思路，用绿色农业的原理与技术方法来指导生产行为时，生态农业生产基地的成功转换就为期不远了。

4. 制订绿色农产品生产技术方案

创新供给方式，创造绿色需求，就是在制订绿色农产品生产技术方案时，强调利用生态自然的方法进行生产，禁止滥用人工合成的农用化学投入品。因此，生态农业生产基地的生产运行不是在问题出现之后去试图解决问题，而是要在问题出现之前就能够预防问题。例如，对于作物的病虫害，要用健康栽培的方法进行预防，再辅之以适当的生物、物理的方法进行综合防治。这就要求在作物种植之前就制订出绿色农产品生产方案，并预测生产基地中所种植作物在生长过程中可能出现的病虫害，以便提出相应的防治对策。

5. 绿色农产品的生产认证与销售

生态农业生产基地开始绿色农产品生产转换后，应及早向绿色食品发展中心和绿色有机食品认证中心申请绿色农产品生产的检查与认证，做好接受检查的各项工作，使生态农业生产基地能够顺利地通过检查并获得绿色农产品生产证书。

绿色农产品获得认证后，其证书就是进入国内外绿色农产品市场的通行证。但有了证书并不意味着农产品销售就没有问题，也并不保证所生产的农产品就一定能够以高于常规农产品的价格出售。相反，有些生态农业生产基地拿到生产证书后，往往存在"重证书申报、轻管理利用"的问题，或者不知到底应如何发挥证书的价值，以致不能实现预期的目的。为了顺利地出售生产基地所生产的绿色农产品，首先需要在生产的同时制订一个切实可行的销售方案，而不要等农产品收获后才开始寻找市场，处于被动状态。

二 生态农业生产基地建设的供给内容

从供给侧视角分析，生态农业生产基地建设的内容既包括一些硬件设施，也包括一些管理体系。硬件设施是生态农业生产基地建设的物质基础，管理体系是生态农业生产基地建设的运行保障。

1. 生态农业生产基地的硬件供给

（1）平田整地，实现田园化。田园化是适应机械化、减少劳务支出、提高农业经济效益的有效手段。目前，我国许多地方的田块大小不一，土地高低不平，必须结合水利建设、道路改造、四旁绿化营造防护林等项目平田整地，并通过平田整地，实现土地平整，以逐步过渡到田园化。至于田园化的标准则应坚持因地制宜的原则。如丘陵地区应做到坡地梯田化、陵顶平原化，平原地区则可以根据各地机械化程度的不同而有所区别，一般在地少人多、土地不平、机械化程度不高的地方，其田块可以小一些。

（2）改土培肥，创造肥沃的生产基地土层。改土培肥的方法主要有以下几种：一是利用绿色农产品茬口间隙，发展绿肥作物；二是忌用人、畜、禽新鲜粪便，提倡发展沼气肥料；三是提倡使用腐熟的饼类肥料；四是使用有机颗粒肥料。

（3）生态农业生产基地设施的建设。无论是用于绿色种植、绿色养殖，还是发展绿色水产，生产基地设施的建设都必须根据生产的需要，因时、因地、因生产的需求而异。生态农业产业化基地设施建设，也应注重经济效益，遵循节约成本、省工、实用、降低能耗和节省生产管理费用等原则；应当加强山、水、林、田、路综合治理，不断改善和提高生态农业生产基地的生产条件和环境质量；加强农田水利建设，逐步实现旱能浇、涝能排的农田水利化；加强生态农业产业化基地道路建设。

2. 生态农业生产基地的管理体系建设

（1）建立综合协调组织管理体系。一是组建工作班子。生态农业生产基地建设是一项涉及面广、环节多的系统工程。各级政府应成立由主管部门领导和有关部门负责人组成的生态农业生产基地建设领导小组，统一指导和协调生态农业生产基地建设工作。二是设立专门办公室。生态农业生产基地建设领导小组下面可以设置生态农业生产基地建设办公室，专门负责生态农业生产基地技术服务体系和质量保障体系的建立，并具体承担生态农业生产基地日常管理和协调工作。三是建立健全生态农业产业化基地建设目标责任制度。

（2）建立完善的生产管理体系。一是生态农业生产基地应在相应位置设置基地标识牌，标明基地名称、基地范围、基地面积、基地建设单位、基地栽培品种、主要技术措施等内容。二是生产基地应确保生产者具有生态农业生产操作规程、绿色农产品使用手册等。同时，生态农业生产基地应建立"统一优良品种、统一生产操作规程、统一投入品供应和使用、统一田间管理、统一收获"的"五统一"生产管理制度，以确保生产基地和生产操作符合绿色农产品生产的技术标准。三是建立生产管理档案制度和质量可追溯制度。建立统一的生产基地农户档案制度，绘制基地分布图和地块分布图，并进行统一编号。生产基地农户档案应包括基地名称、地块编号、农户姓名、作物品种、种植面积、土壤耕作、施肥情况、病虫害防治情况、收获记录、仓储记录以及销售记录等。

3. 建立行之有效的生态农业投入品管理体系

一是建立生态农业产业化基地投入品公告制度。当地农业行政主管部门要定期公布并明示生态农业生产基地允许使用、禁用或限用的农业投入品目录。二是建立生态农业产业化投入品市场准入制度，从源头上把好农业投入品的使用关。三是有条件的生态农业生产基地，应建立基地农业投入品专供点，对农业投入品进行连锁配送和服务。

4. 建立完善的科技支撑体系

一是依托农业技术推广机构，组建生态农业生产基地建设技术指导小组，引进先进的生产技术和科研成果，提高生态农业生产基地建设的科技含量。二是根据需要配备绿色农产品技术推广员，建立绿色农产品技术推广网，负责整个生态农业产业化生产建设过程中的技术指导和生产操作规程的落实。

5. 建立监督管理体系

一是生态农业生产基地应建立由相关部门组成的监督管理队伍，加强对基地环境、生产过程、投入品使用、农产品质量、市场及生产档案记录的监督检查。二是生态农业生产基地内部，应建立相互制约的监督机构和奖惩制度。三是建立信息交流平台，配备相应的条件，做到生产、管理、储运、流通信息网查询。

第三节　生态农业生产基地建设的问题与对策

从供给的视角来看，我国的生态农业生产基地建设取得了较大成效，然而，从各地生态农业生产基地建设的现实情况来看，生态农业生产基地建设还存在一些问题，影响着其健康发展。

一　生态农业生产基地建设存在的问题

1. 地区间发展不平衡

由于各地经济发展水平上的差异，生态农业生产基地建设的规模和档次有着明显的差距。目前，在一些经济发达、生态农业生产基地建设起步较早的地方，思想认识、发展思路、品牌和市场意识等方面都已经形成良性循环，并且生态农业生产基地的规模正在逐年扩大，主导产业的拉动作用明显。而经济欠发达地区，生态农业生产基地建设示范带动性不强，尚处于引种、试验的摸索阶段，品种繁多，真正形成规模化和区域化布局的生态农业生产基地还不是很多，连片种植的生态农业生产基地规模往往偏小，且以大路货为主，名优品种稀少，产业发展雷同，产品缺乏竞争力。

2. 生产基地的规模过大或过小

在生态农业生产基地建设时，在生态农业产业化发展上，各地均竞相强调"上规模"，一些县级政府提出要建设"万亩果园、十万亩蔬菜、百万头牲畜、千万只家禽"，未经过深入调研而盲目追求更大的规模是违背生态规律和经济规律的。应当说，生态农业产业化具有相对性、动态性。如果一个优良品种种植面积无限扩大，便很难确保全部达到绿色农产品的质量要求和供给要求，最终将会失去特色和市场。因此，在生态农业生产基地建设过程中，应十分注意对农产品的生态环境和生产条件的保护，以及产品质量的保持，防止出现种植、养殖规模的盲目扩大而导致产品达不到绿色农产品要求的情况。还有一些地方则过度限制了生产基地的产量，绿色农产品尽管具有一定的标准要求，但如果存在单产水平低等问题，就会影响市场的开拓。生态农业绿色发展，要在保持绿色农产品质量的基础上，采用现代农业科技进行嫁接改造，改进生产模式以提高生态农业的单产水平，保障绿色供给水平。

3. 生产基地的产业化水平有待提高

绿色农产品深度开发和加工滞后，生态农业生产基地建设产业化水平有待提高。一是龙头企业规模偏小，多数处于手工作坊状态，绿色农产品深加工严重滞后。规模偏小、技术落后导致加工增值能力低，带动能力不够强。二是农民组织化程度还不高，企业与农户关系还不够紧密，没有形成紧密的经济利益共同体，签订的产销合同不能如约履行。当前农产品大都以鲜活形式推向市场，企业和农户对订单履约的意识淡薄，因此，当市场价格高于订单价格，企业就收不到订单产品，而市场价格低时，企业又不能按订单价格收购，订单不能发挥应有作用，这是绿色农产品供给侧出现的问题，必须引起注意。

4. 科技支撑力不强，绿色农产品科技含量不高

随着生态农业结构战略性调整的不断深入，生态农业生产基地建设对种子、技术和服务的要求越来越高。但从目前的情况来看，一是生态农业科研综合实力薄弱，对高新技术的研究跟不上结构调整以及生态农业经济发展的步伐；引进多，吸收消化形成自主知识产权的成果少。二是生态农业科技创新的投入资金不足，生态农业科技成果推广经费缺乏，经费来源渠道单一，来源不稳，使农技推广工作受到影响。三是由于缺少一定的环境氛围和社会保障待遇，基层农技队伍新老交替速度缓慢，新技术、新品种推广力度不够；同时，由于受专业知识的局限，往往注重产中服务，而对产前、产后服务缺少思路和办法，领域延伸、空间拓展不强。四是机制尚未优化，动力与后劲不足。一方面，科研人员、农技推广人员和其服务对象的利益关系不够紧密，生态农业技术服务主体收益低，保障机制不健全，影响了生态农业技术服务的有效开展。另一方面，有些生态农业产业化基地，尤其是山区的农业产业化生产基地，投入的主体是政府部门，承担风险的也是政府部门，缺少完善的多元投入和风险承担机制，一定程度上影响了生态农业产业化发展。

二　加快生态农业生产基地建设进程的对策建议

从供给侧视角分析，以上问题的存在，是由于绿色农产品供给格局和市场条件发生了根本性的变化，我国农产品的流通组织和农产品的产地市场还不够发达，技术和信息缺乏，组织化程度仍然偏低，这才使生态农业生产基地建设面临着一些突出问题和政策性障碍。因此，生态农业产业化建设必须坚持正确的指导思想，立足当地农业自然资源优势和现有生产基础的升级改造，以建设科技含量高、产地环境"绿色"的生产基地为方向，加快最适宜区的综合配套体系建设，根据生态农业生产基地在生产中所处的区位，可将生态农业生产基地分为城市郊区型、农村腹地型和偏远地区型三种，针对不同类型分别采取不同的对策。

1. 城市郊区型生态农业生产基地

从提供新供给、创造新需求的视角来看，城市郊区的区位条件优越，靠近市场，交通便利，具有资金、技术和信息优势，但城市产生的"三废"对周围环境污染严重，治理难度较大，再加上土地价格较高，生态农业适宜布局在污染较轻的城市远郊地区，发展高集约化的工厂化农业生产。其农产品主要供应城市居民的日常消费，包括一些鲜嫩易腐、不易贮存的绿色农产品，如肉、乳、禽蛋、水产品、果品等。城市郊区型生态农业生产基地建设，第一，应当充分考虑城市郊区型生态农业生产的自给性，根据城市规模，面向城市需求，确定绿色农产品品种和生态农业的生产规模。第二，严格控制城市"三废"污染物的排放量，并加强对现有环境污染的治理，改善环境质量。第三，充分合理利用农业自然资源，减少生态农业生产过程中废弃物的排放量，避免生产本身对环境产生的污染。第四，利用邻近中心城市的资金、技术和信息优势，加强生态农业生产新技术的应用，使之成为区域生态农业生产的示范基地和区域生态农业发展的增长极。

2. 农村腹地型生态农业生产基地

农村腹地的生产条件优越，经营规模较大，农产品商品率较高，农业生态系统污染多来自农业生产本身，如农药、化肥、饲料添加剂的过多使用和农副产品的污染等。这种类型适合生态农业规模化生产，主要品种有粮食、经济作物、畜农产品、水农产品和水果等。广大农村腹地的生态农业生产基地建设，第一，应充分考虑区域在全国农业劳动地域分支中的地位，选择能够突出地方特色、发挥地方优势、商品率高的生态农业品种。第二，逐步推广生态农业技术成果，把生态农业技术逐步应用到动植物保护、土壤改良、农产品加工等方面，逐步提高农业生态环境和农产品质量。第三，扩大现有生态农业生产的规模，提高绿色农产品生产的总量。

3. 偏远地区型生态农业生产基地

从供给角度来看，偏远地区的区位条件较差，交通落后，信息闭塞，农业技术水平和商品率较低，是我国经济相对落后的地区，但其生态条件较好，环境污染较小，农产品有害物质含量低，是天然的生态农业生产区，适宜发展农林产品、畜农产品、干果等。偏远地区由于经济落后，市场发育程度较低，适合绿色农业产业化生产基地建设，第一，应当面向大区域市场需求，发展商品率高的特色农产品。第二，应加强生态环境的保护，保持良好的环境质量。第三，积极引进资金，并用可持续发展观念和生态农业生产技术改造传统的农业生产方式。第四，加强交通、通信等基础设施建设，加强边远地区与中心城市的联系。生态农业生产要求严格，生产过程中科技含量较高，需要充足的资金、先进的技术和素质较高的劳动力。我国农业尽管已初步解决了全国人口的吃饭问题，粮食等主要农产品略有盈余，但由于人口数量多，提高主要农产品总量仍然是我国农业生产长期面临的艰巨任务，而现阶段我国农业生产与优质、高产、高效目标之间还存在一定的差距。

基于上述考虑，生态农业生产基地在建设的优先次序上，第一，应加强城市郊区型生态农业生产基地建设，使之成为区域生态农业生产基地，带动全区域生态农业的发展；第二，加大偏远地区型生态农业生产基地建设的资金和技术投入，把生态农业生产作为落后地区农民脱贫致富的手段，缩小地区之间的贫富差距；第三，全力建设农村腹地型生态农业生产基地，在维持农业高产的同时，逐步推广农业的种植、加工、运输和贮藏技术，提高绿色农产品质量，在绿色农产品供给侧取得良好经济效益的同时，保持良好的生态效益和社会效益。

第四章　生态农业龙头企业的
培育创新

　　生态农业龙头企业是新型农业经营主体培育创新的经营模式之一。实现生态农业可持续发展，龙头企业起着提供新供给、创造新需求，以及连接农户与市场的作用。本章从供给侧视角探讨了生态农业龙头企业的内涵与类型、企业运行机制、企业发展对策思路等问题。

第一节　生态农业龙头企业的含义、
特征与作用

　　农产品供给侧结构性改革的实质，不仅仅局限于在农业经济发展转型中促进农产品供给的结构性调整，最终必然还会涉及龙头企业的经济要素市场运行机制及其资源配置。降低经济要素成本，提高要素生产率，需要深化龙头企业经济要素供给体制改革。供给侧结构性改革的重要任务就是要降低生态农业产业化经营主体的各项负担与成本，促进创新，为生态农业企业发展创造条件。

一　生态农业龙头企业的含义

　　从供给视角来看，生态农业龙头企业肩负着开拓市场、创新科技、带动农户和促进区域经济发展的重任，能够带动生态农业发展和农村经济结构调整，带动绿色农产品生产发展，促进农民增收和农业增效。在生态农业产业化发展的初级阶段，龙头企业一般指绿色产品加工、贸易公司，以绿色农产品加工、冷藏、运销企业为龙头，围绕一项产业或产品，实行生产、加工、销售一体化经营。"龙头"，即生产单个或系列绿色农产品的牵头企业，如行业公司、集团公司或大型加工厂。生态农业龙头企业是指发展基础好、辐射效应佳、带动能力强的绿色农产品加工、销售企业或企业集团。随着绿色农业产业化的逐步发展，龙头企业的内涵也逐渐丰富，绿色农产品生产企业、合作经济组织、专业化交易市场、"产学研"联合组织都可以成为生态农业龙头企业。生态农业龙头企业是在市场竞争中形成的，重要的是要建立健全现代企业制度，与农户结成利益共同体，要有明显辐射、带动效益，能够在农业产业化过程中发挥中枢作用，在生态农业产业化经营中起到带头作用。因此，绿色农业产业化龙头企业是指在绿色农业产业化经营中，围绕某个主导农产品，将产前、产中和产后诸环节连接起来，实行一体化经营，把分散的农户组织起来，形成群体优势、集团优势，发挥规模效应，以经营绿色农业为主的经济单位。

二 生态农业龙头企业的新型农业经营主体培育创新的特征

1. 龙头企业的基础是农户

从供给侧和需求侧的角度看，供给方面，龙头企业需要农户进行稳定的初级绿色农产品供应；龙头企业要为农户提供产前、产中、产后全程服务，与一般工商企业相比，具有明显的服务性质。因此，农户是绿色农业产业化经营的主体。同时，龙头企业与农户之间建立了稳定的产销关系，而不像一般的农产品加工企业与农户仅仅是单纯的买卖关系，它是通过多种方式（如入股、签订契约等）与农户结成经济利益共同体，减少市场价格波动而引起的企业与农户之间的利益冲突。

2. 生态农业龙头企业需要面向市场，具有较强的市场开拓能力

生态农业龙头企业起到农户与市场的桥梁纽带作用，只有根据千变万化的市场需求来引导农户生产，不断开拓市场，形成自己的品牌和拳头产品，才能在市场竞争中立于不败之地。因此，生态农业龙头企业经营的产品不同于一般的农产品加工企业的产品，其应是具有本地特色的，而且是绿色农产品的深加工品。

3. 生态农业龙头企业具有较强的产品开发和技术创新能力

绿色农业产业化龙头企业要不断引进、开发优良品种和技术，并加以

推广和应用。只有这样，才能引导农户按市场需要进行生产并带动农村产业结构调整，才能提高绿色农业生产科学技术水平，才能增加绿色农副产品的附加值，增加农民收入。

4. 生态农业龙头企业具有明显的带动、示范作用

从供给要素来看，生态农业龙头企业就是不断地发挥经济要素的作用，就是要"建一龙头，带动一片经济，富一方百姓"。龙头企业应带动农户融入市场，按市场需求组织生产；带动农民采用先进科学技术，生产优质安全的绿色农产品。

三 生态农业龙头企业的功能与作用

1. 生态农业龙头企业的功能

（1）开拓市场功能。首先，生态农业龙头企业资金相对雄厚，生产能力较强，能带动较大范围内的生产基地和农户，形成较强的产品供给能力。其次，生态农业龙头企业具有生产规模优势，在经营过程中能占有一定区域性的市场份额，成为区域性产品信息和价格形成的重要源头。最后，生态农业龙头企业在与国内外企业开展合作的过程中，为绿色农产品及其加工品的发展拓展了空间，能根据国内外市场的行情开展生产，有助于推进国际或区域性市场一体化的形成。

（2）引导生产功能。生态农业龙头企业一头连接绿色农产品市场，一头连接生态农业生产基地和农户，发挥着桥梁和纽带作用。在产业化经营过程中，龙头企业一方面向农户及时提供生产信息，按照市场信号发展生态农业生产，要求所带动的农户种养什么、种养多少；要求农户提供符合质量要求的绿色农产品原料产品，避免价格的大起大落。另一方面，通过发挥龙头企业的优势，向农户提供资金、设备、良种、良苗、物资、技术等，使农户能运用现代化的手段推进生态农业发展。

（3）加工转化功能。我国农产品经常出现的"卖难"现象，重要的原因是产业链太短或连不起来，当某一环节出现问题，农产品市场就出现"阻梗"。解决这一问题的办法之一，就是通过生态农业产业化经营的方式，将贸、工、农紧密联结，实行一体化经营。生产过剩了，就通过加工转化解决，加工转化之后通过开拓市场加以解决，加工转化的层次越多，对市场的适应性就越强。通过生态产业化龙头企业对绿色农产品进行加工转化，能够有效解决农业发展的一些深层次矛盾。同时，加工转化的层次多了，绿色农产品的增值范围也就扩大了，农户自然也会从中受益。

（4）销售服务功能。生态农业龙头企业不仅包括绿色农产品加工企业，还包括一大批种植、养殖、流通、销售企业。在加工企业中，龙头企业还承担一部分的销售职能。在销售方式上，有的龙头企业直接收购绿色企业，直接收购农产品面向市场；有的收购绿色农产品加工转化，再进行销售，通过加工转化，进入链条的下一个环节再进行销售。不论何种方式，都有助于避免单个农户直接面向市场、独自承担市场风险的问题发生，从而形成政府、企业、农户多方共同销售的局面，以扩大销售队伍和销售领域，促进市场体系不断完善，实现农产品供给侧结构性优化的目标。

2. 生态农业龙头企业的作用

（1）促进生态农业结构的优化。随着社会经济发展进入新常态，农产品已由卖方市场转为买方市场，适应多样化、多层次的市场需求，供给结构与需求结构矛盾突出。获得适合市场需求的农产品应做到以下几点：一是生态农业龙头企业及时向农户及基地反馈市场信息，以此引导农户合理确定主导产业和规模；二是为农户开辟销售渠道，通过"合同""订单"方式，生态农业龙头企业将分散的家庭经营与市场需求有机联结起来，有效解决农产品卖出难的问题。

（2）促进生态农业的技术进步。发展绿色农产品加工业，既可以提高绿色农产品的附加值，又可以提供多层次、高品质的产品。据专家测算，每1元的农产品，通过储蓄、保鲜、加工处理，美国可增值3.72倍，日本为2.2倍，我国只有0.38倍。[①] 目前的农产品消费趋势是，初级产品消费减少，经过加工、包装、保鲜的农产品消费增加，农产品产后诸产业的发展潜力很大。此外，龙头企业越来越成为生态农业科学技术推广和应用的重要载体。出于对技术进步的重视，龙头企业为绿色农产品生产基地和农户提供技术服务，既提高了绿色农产品的技术含量，又促进了生态农业生产和绿色农业技术的有效结合。

---

① 严立冬、邓远建等：《绿色农业产业化经营论》，人民出版社，2009，第89页。

（3）为生态农业龙头企业提供资金支持。随着龙头企业不断发展壮大，为生态农业发展提供资金支持就成为可能。一是龙头企业与农户结成利益共同体，将部分加工、销售环节的利润返还给农户，以增加农户收入，加大农户对绿色农业的投入；二是龙头企业反哺生态农业，推广生态农业技术，修建生态农业基础设施，直接增加绿色农产品基地的投入；三是龙头企业将一部分资金用于解决贫困户的资金困难，解决贫困户购买化肥、农药、种子等资金不足的问题。

四　生态农业龙头企业的类型

划分生态农业龙头企业类型的方法很多，因其在生态农业产业化过程中所处的环节和发挥的作用不同，可以将生态农业龙头企业分为以下三种。

1. 加工型生态农业龙头企业

加工型生态农业龙头企业是指以绿色农产品的加工为主的龙头企业，它们大多利用地方特色和优势，依托主导产业，从事绿色农产品的加工、储藏、保鲜、分级、包装、运销，从而大幅度增加绿色农产品的附加值，为绿色农产品提供销路和增值空间，同时扩大农民就业，增加农民收入，带动农户发展生产，从而取得较大的社会效益。

2. 销售型生态农业龙头企业

销售型生态农业龙头企业指以销售农户生产的绿色农产品为主的龙头企业。这些龙头企业通常与农户之间签订长期合同，大量收购农户生产的绿色农产品，它们能广泛搜集市场价格行情，对价格市场变化极为敏感，能广泛联系客户，为农民提供销售场地，有效地解决了产后的绿色农产品销售难问题。

3. 服务型生态农业龙头企业

服务型生态农业龙头企业主要指为农民提供产前、产中、产后服务的龙头企业。这种类型的龙头企业通常自身从事一项专业生态农业生产项目，有自己的良种繁育体系和技术手段，能为农民提供化肥、农药、饲料、兽药、种苗、种畜等各种绿色农业生产资料以及相关的技术服务，从而带动了农民从事专业性的生态农业生产，增加了农民收入。

第二节 生态农业龙头企业的运行机制

我国经济进入新常态，市场经济运行机制推动了生态农业绿色发展，农产品供求关系由偏紧向偏松转变也越来越明显，农产品市场价格结束了以前连续多年的明显上涨。受供求关系变化决定性影响，农产品市场价格虽然继续波动，但总体上越来越多的农产品市场价格开始下跌，随着农产品市场形势的变化，越来越多的农民面临农产品销售不畅的问题，农产品加工企业利润微薄甚至亏损，农业生产资料经营企业也感到形势正在发生深刻变化。农产品供给国内外形势的变化，以及我国居民生活水平提高带来的食物消费升级，都要求我国生态农业产业化必须加大供给侧结构性改革力度。

一 生态农业产业化改革与龙头企业优势资源

1. 环境变化促进生态农业龙头企业优势资源的形成

随着社会经济的发展，生态农业龙头企业面临的环境发生了变化，主要表现在以下几个方面。

（1）市场竞争越来越激烈。在信息封闭、资金缺少的情况下，生态农业龙头企业可能仅凭信息和资金优势，就能通过绿色农产品的买卖或者初加工赚取可观利润。我国经济进入新常态，各方面的因素影响着生态农业龙头企业的竞争激烈程度。一是信息优势减弱。技术进步为信息流通提供了方便、快捷的手段，信息优势大大减弱，纯粹依靠买卖价格差异而生存的农产品贸易企业受到挑战。二是竞争主体增加。一方面，更加丰富的社会资本不断催生新的企业；另一方面，其他行业利润率的下降导致更多其他行业企业的挤入。三是竞争国际化趋势明显。我国加入 WTO 对各个行业都具有深远影响，农业领域也不例外。绿色农产品加工贸易企业面临着国外优势农产品的竞争。

（2）市场对绿色农产品品质要求越来越高。这是由以下几方面的因素决定的。一是收入增长因素。随着收入不断增长，人们对满足基本温饱物品的消费比例会逐渐下降，而用以提高生活品质的产品的消费会不断增加。

因此，基本的初级农产品市场空间有限，需要更优良的绿色农产品满足市场需求。二是居民消费意识增强，表现为人们对绿色农产品质量要求越来越高，但是，消费者很难准确判断绿色农产品品质，可采用的方法是通过企业品牌进行间接识别。因此，在新的环境中，生态农业龙头企业在保证销售产品品质的同时，还要通过品牌打造等方法来争取消费者。这就需要进行农产品供给侧结构性改革，需要稳定优质的农产品原材料供应。在现有条件下，稳定的高品质绿色农产品供应已变得稀缺，在这种稀缺的环境中，如果绿色产业化龙头企业通过与农户签订契约的方式获得稳定、高品质的原材料供应，龙头企业就得以产生和发展。

2. 优势资源的价值来源

生态农业龙头企业与农户的契约是其存在的优势资源。作为优势资源，价值性是其基本属性。生态农业龙头企业通过与农户的商品契约实现对农户生产要素的支配，这种独特的机制具有显著的经济价值，其价值表现在以下几点。

（1）契约降低交易成本。企业优于市场的原因在于内部的组织体系可以大大节约市场交易成本和费用，这些交易成本和费用包括作一次交易的成本和保护制度的成本。生态农业龙头企业通过与农户签订契约，使纯市场的绿色农产品买卖关系具有了部分企业生产的特性，这可以在多方面节约企业的交易成本和费用。一是节约信息收集成本。在市场经济条件下，得到信息需要花费时间、金钱和人力，从而构成一定成本。纵向一体化的企业组织可以减少这些交易成本。虽然生态农业龙头企业没有与农户构成纵向一体化的企业组织，但可以利用商品契约支配农户的生态农业生产活动。农户生产什么、生产多少甚至在什么时候生产都受到契约约束。对生态农业龙头企业而言，这种机制已经降低了在市场上收集绿色农产品出售信息的成本。

（2）节约洽谈成本。在市场交易中，洽谈成本会受到洽谈中一些具体情况的影响。一是洽谈对象的多寡。对一定的交易量来说，洽谈对手越分散，洽谈次数越多，成本就越高。二是洽谈者的素质。洽谈者的法律水平、道德意识和专业素质与洽谈成本呈反向变化的关系。三是洽谈内容的标准化程度。标准化的产品或服务只需要用标准语言描述即可得到双方的认可，易达成一致；而非标准化的产品或服务却需要耗费大量精力去探讨交易内容，农户本身较低的市场综合素质影响了谈判效率，绿色农产品的高度非标准化加大了洽谈的难度。

（3）契约放大资本作用。资本能够带来价值增值。积累、借贷和吸收股份是增加企业经营资本的重要渠道。对经营者而言，借贷资本需要还本付息，吸收股份需要付息并削弱经营控制权，积累的扩张速度缓慢，并且是一个动态的过程，即本期的利润要下期才能成为资本。一般情况下，私人自有资本不足以满足经营需要，此时，借贷或者发放新股份就成为解决问题的办法。另外，生态农业龙头企业与农户的契约为其增加了一个新的"资本"来源渠道。通过与农户签订契约，生态农业龙头企业在很大程度上支配了农户的生产资料。在生态农业龙头企业看来，其真正的资本总量并没有增加，但受其指挥的资产却大大增加了，这种放大的资本的作用当然会为生态农业龙头企业带来直接或间接的利益。

（4）契约降低经营风险。企业经营风险是企业在生产经营过程中面临的各种预期后果中较为不利一面的应然性，也就是说，是给企业带来不利后果的事件发生的概率。因此，风险与不确定性有紧密关系。如果在发生经营风险时，企业能够将投资不费成本或者以很小的成本迅速转移出来，也不会有什么损失。但是，企业已经投入的资本通常都不能够自由流动，这就是投入资本的沉淀性。沉淀性越明显，企业资产流动性越差，在经营困难时就越难以套现，从而经营风险越大。因此，在既定的沉淀条件下，资本投入越少，企业经营就越安全。要降低经营风险，就要降低企业经营过程中不确定性并减少沉淀资本的数量。生态农业龙头企业与农户的契约在这两个方面都起到了有效作用。一是降低企业经营中的不确定性。与一般农产品加工和流通企业相比较，生态农业龙头企业的特点是契约改变了其原材料来源方式。因此，契约可以影响的是初级绿色农产品的采购环节。在这个环节上，一般的农业企业随行就市购买农户的产品，生态农业龙头企业在按照自身的生产计划指挥农户为自己生产符合相应标准的初级产品时，就可从供给侧降低市场不确定性，包括供给品质的不确定性和供给数量的不确定性。二是减少沉淀资本。生态农业企业生产需要大量的资本投入，其中很多投入几乎具有完全的沉淀性，尽量减少这些方面的投入是降低企业经营风险的有效途径。因此，在为了获取稳定和高质量的初级农产品供应而必须介入生产的领域中，企业如何取得二者的结合成为解决问题的关键。生态农业龙头企业与农户契约的性质是用商品契约实现对生产要素的支配，这种特殊的支配权能很好地解决这一矛盾，达到了创新供给、消除企业资本沉淀的目标。

二 龙头企业优势资源与特有运行机制规律

从供给侧视角看，优势资源要发挥其价值作用，必须有与之相匹配的企业运行机制来保证其合理运行。一般而言，优势资源能提高农产品的品质，具有一定的价值优势。尽管如此，企业一旦决定引入该优势资源，同时也会带来一些相关的问题。因此，企业要能够从一种劣质资源形态演变到优质资源形态，最起码应该满足以下条件：能够发现更适应环境的优势资源；能够找到实现优势资源的特有运行机制。这两个条件之间具有内在的运行规律，可适用于所有企业形态。

1. 优势资源决定企业特有运行机制

优势资源和特有运行机制都是企业形态不可或缺的内容，二者相互影响，相互作用和制约，优势资源处于决定性地位。首先，特定企业形态的优势资源要求相应的特有运行机制。特定的企业形态具有特定的优势资源，特定的优势资源决定特有运行机制。其次，优势资源的量变引起特有运行机制的量变。在既定企业形态内，各个利益主体间的根本性质是不变的，但某种企业形态的优势资源是变化发展的，这种发展和变化是渐进式的量变。在此基础上形成的生产、分配、交换和消费关系及其形式是有变化的。这种变化体现为特有运行机制的变化和发展是由优势资源的变化和发展决定的。最后，优势资源的质变引起特有运行机制的质变。一旦优势资源发生质的突破，新的企业形态就会出现。在新的企业形态中，各利益主体间的关系发生了根本变化，此时，以反映相关利益主体关系为目的的运行机制也必然发生相应变化。

2. 企业特有运行机制反作用于优势资源

从创新供给来看，优势资源在特定环境中的价值性是其存在的根本。特有运行机制会影响优势资源价值性的实现。在一定的环境条件下，优势资源总会有一个最小值和一个最大值：最小值为零，最大值是具有完美特有运行机制时的值。正常情况下，优势资源的价值存在于零到最大值的区间。首先，特有运行机制影响优势资源的存在性。如果优势资源的价值低于最小值，就失去了存在的基本条件，以这种资源为基础的企业将不再存在。发生这种情况有两种可能：一是企业外在环境的变化；二是特有运行机制没有发生作用，甚至产生副作用。在后一种情况下，特有运行机制影响了优势资源的存在。其次，特有运行机制影响优势资源的价值大小。在现实中，几乎不可能找到完美的特有运行机制，进而实现优势资源的最大价值。特有运行机制确保优势资源的价值在零到最大值之间变动。与优势资源相关的特有运行机制实现得越充分，优势资源的价值体现得就越充分；优势资源的价值实现越充分，该企业形态就越能在特定的环境中普遍存在，反之则不然。

三　生态农业龙头企业的特有运行机制系统

1. 龙头企业优势资源的生成机制

从创新供给侧视角看，农业企业与基地农户签订契约而演变为生态农业龙头企业。在这个过程中，直接的相关利益主体是生态农业企业和农户。因此，生态农业龙头企业优势资源生成机制的核心是通过契约提高企业与农户的预期收入，这个预期收益要大于签订契约以前它们单独经营的收益。

生成机制的作用机理。生态农业龙头企业优势资源生成机制的关键问题是要使龙头企业与农户在契约中的期望值大于零。在一定环境条件下，契约可使总体收益增加，但缔约双方同样也面临风险。各方最后的决策依赖于在总收益中分割的利益和风险高低。双方只能在预期收益能完全克服风险带来的预期损失的前提下签订契约。契约订立后，龙头企业与农户将形成一种典型的共生共享关系。一是契约带来的收益增加。龙头企业可以通过降低交易费用、放大资本效用以及克服经营风险等多个渠道获取契约价值，农户可以通过契约克服其面临的市场风险与困惑，带来收益的增加。二是契约带来的风险与成本。如果契约带来的只是收益的增加，缔约双方必然选择契约，而实际上，缔约双方都会面临一定的缔约风险。龙头企业与农户不得不在风险约束下去实现契约价值。三是龙头企业与农户的共生共享。如果龙头企业与农户的契约得以签订，二者进入一个多重博弈的过程中，便形成了共生关系。所谓共生是指"不同种属生活在一起"，但"短期的联系不是共生"。共享是两者利益共享发展的成果。合作是共生共享的本质，共生共享主体之间具有充分的独立性，共生共享过程也将产生发展能量，这种发展能量是一种增加的净能量和正能量，双方将在特定环境条件下一损俱损、共生共荣。

2. 龙头企业优势资源的维持机制

提供新供给，创造新需求，实施生态农业产业化供给侧结构性改革，需要充分发挥龙头企业的作用，而维持机制的应用和运行状况决定着龙头企业优势资源价值的实现程度。在具体的经营制度条件下，与契约主体利益相关的问题主要有两个。一是龙头企业的行业选择问题，并非所有农业生产都适合用龙头企业方式来进行组织。龙头企业所考虑和选择的行业应具有一些内在特殊性。这些特殊性有利于契约价值的充分实现。二是关于龙头企业的技术创新问题。技术创新是一个龙头企业契约价值得以实现的至关重要的条件。它与龙头企业的行业选择问题相辅相成，共同为解决龙头企业优势资源维持机制中的价值问题提供服务。作为技术创新的主体，龙头企业主要充当生态农业生产新技术的传导者，农户是真正的直接应用者。但是，生态农业新技术对龙头企业保证契约价值提升和维持契约稳定性具有重要意义。此外，优势生态农业资源价值的最终分割问题主要涉及企业与农户的契约内容，不同的分割方式会产生不同的激励与约束，最终影响企业与农户实现生态农业优势资源价值。

3. 龙头企业优势资源的保障机制

提供新供给，创造新需求，是生态农业产业化供给侧结构性改革的目标，这类目标的实现需要有龙头企业优势资源的保障机制。龙头企业优势资源的保障机制是第三人参与优势资源价值形成和分配的特有运行机制。企业和农户是龙头企业契约的直接参与主体，除此之外的主体所提供的均为保障机制。无论是契约生成还是契约履行，都可能面临或多或少的困难，解决这些困难对龙头企业契约有着重要的意义。保障机制要关注对不当行为的协调与控制，也要改善优势资源作用发挥的条件，既要利用正式规则的强制性作用，也要合理利用机制的诱导作用。只有建立充分的保障机制，生态农业龙头企业契约才能真正有效运行。根据实践经验来看，与契约相关的保障机制至少有：一是法律法规及其执行；二是绿色农业专业合作组织及其运转；三是相关产业政策和财政金融政策。其中，第一个属于强制性保障机制，后两者属于诱致性保障机制。

4. 龙头企业优势资源的变异机制

龙头企业优势资源的变异机制将导致优势资源的消失或质变。龙头企业契约的订立依存于企业和分散农户的共同存在。但从供给侧的实际情况看，企业必然长期存在，分散农户依存有一定的基础条件，如土地集中经营的不可能和农村人口大量转移的不可能，当这些供给条件发生变化时，土地经营可能逐步集中，分散农户的格局将逐步改变。随着这个过程的进行，龙头企业优势资源的价值会逐步降低。因此，分散农户的存在性是影响龙头企业优势资源的第一个变异因素。此外，当各种国家标准体系逐步建立健全，农资绿色程度不断提高时，龙头企业契约对绿色农产品品质保证的重要性将逐步降低。龙头企业优势资源的价值也会遭受影响，部分企业选择退出契约，从而使龙头企业契约的适用范围逐步缩小，这是农业供给侧结构性改革的必然结果。

第三节　生态农业龙头企业与供给侧改革

我国经济进入新常态，生态农业产业化发展进入新的历史时期，生态农业龙头企业有了较快发展，取得了一定成效，但也暴露出一些问题和不足。从创新供给和创造需求角度看，龙头企业的规模偏小，综合创新能力不强；优势资源开发程度不高；大部分农产品深加工不足，科技含量还比较低；与农民的利益联结机制不够完善，辐射带动作用还不显著；优势特色品牌产品还不多；政府对龙头企业的扶持力度还不够；绿色农业市场化进程滞后；等等。新的历史时期，面对全面实现小康社会和建设社会主义新农村的宏伟目标，实施乡村振兴战略，大力发展生态产业化龙头企业显得更为紧迫。农业供给侧结构性改革要求为龙头企业发展创造良好的外部环境，供给侧解决改革龙头企业发展难题，关键是结构调整、方式转变和深化改革，这要求新型生态农业产业化经营主体及其他涉农主体能够围绕农业供给侧结构性改革不断创新，充分发挥其在生态农业产业化经营及改革中的桥梁、纽带作用，共同推动生态农业产业化转型升级。

一 供给侧政策与需求侧政策是长期与短期的关系

生态农业龙头企业的供给侧政策与需求侧政策，笔者认为不存在谁胜出的问题，这两个方面都很重要，其实大多数农业产业化龙头企业的需求侧政策，主要是农业产业化发展的短期政策、宏观政策，更多的是实现农业产业经济的平衡。而生态农业龙头企业的改革，更多地考虑生态农业产业化资源的有效配置、可持续生产率的提高和技术进步，农业基础设施的建设和改善，农村土地等生产要素制度改革，这是一个长期性的政策。

农村土地制度改革释放集体建设用地的潜力，唤醒沉睡的农村土地，是一个具有长期效应的生产要素改革的重大举措，是一个长期利好农业发展的供给侧政策。中央决定 2015～2017 年在全国 33 个县开展土地征收、集体经营性建设用地入市、宅基地制度三项改革，在试点县暂停《土地管理法》《房地产管理法》相关条款的执行，依法改革。《深化农村改革综合性实施方案》中要求，缩小土地征收范围，建立兼顾国家、集体、个人的土地增值收益分配机制，合理提高个人收益。工矿仓储、商服等经营性用途的存量农村集体建设用地，与国有建设用地享有同等权利，可以出让、租赁、入股，同时，探索宅基地有偿使用制度和自愿有偿退出机制，探索农民住房财产权抵押、担保、转让的有效途径。

关于集体经营性建设用地，从试点地方情况看，集体经营性建设用地入市市场反应良好，从新闻报道来看，德清、郫县都是通过多轮举牌竞拍，远高于底价成交。这盘活了闲置低效的集体土地，促进了生态农业产业化发展。

关于宅基地，党的十八届三中全会提出慎重稳妥推进农民住房财产权抵押、担保、转让，在 2015 年 8 月启动的农房抵押试点意见中明确，农民住房财产权设立抵押的标底，须将宅基地使用权与住房所有权一并抵押，宅基地抵押也得到允许。《深化农村改革综合性实施方案》中提出探索宅基地的有偿使用制度和自愿有偿退出机制，探索住房财产权抵押、担保、转让的有效途径，这是农村供给侧政策的进一步推进。2015 年 8 月下发的

《关于积极开发农业多种功能 大力促进休闲农业发展的通知》，在用地政策中明确提出，支持农民发展农家乐，闲置宅基地整理结余的建设用地可用于休闲农业，加快制订乡村居民利用自有住宅或者其他条件依法从事旅游经营的管理办法。这一政策使农民宅基地的改革迈开了一大步，促进了农民住房及宅基地价值的实现。

二 正确处理政府作为与市场作用的关系

按照新供给主义的一些主张，生态农业产业化发展政府不应作为，应该发挥市场机制的作用。实践表明，如果没有政府有效作为，生态农业龙头企业要么没有动力，要么动力不足。从农业供给角度来看，我国的农产品很充裕，价格下跌压力很大。但是，我国的农产品质量不高和不安全的问题还比较突出。很多人认为要解决这个难题，就要少施化肥、少用农药。但是现在如果不施化肥，不用农药，农民可能全都是亏本的。如果政府完全不管，完全靠市场的力量，农业由供给数量保障向质量安全的转型升级，完全是不可能的。我国绿色农业产业化除了粮食以外主要是市场为主导的，也就是经济学所说的自发市场，始终无法解决生态农业龙头企业绿色发展难题。我国已经明确农业要走产出高效、产品安全、资源节约、环境友好的发展道路，生态农业龙头企业要更加注重质量、注重生态发展、注重绿色发展、注重可持续发展，但如果没有供给侧结构性改革的长期政策支持，这些发展理念是不可能付诸实践的。

显然，中国在供给侧的改革应该着眼于放松政府管制与干预，充分发挥市场的决定性作用。但是，这并非仅仅靠改变某些经济政策就能实现，而是要全面地改革，改变政府部门抓住权力不放的行为习惯，改变人们的思维方式和行为方式，让市场作主，充分发挥市场机制的作用。

三 生态农业龙头企业自身建设与创新的关系

1. 自身建设是基础，勇于创新是关键

龙头企业的不断创新是推动生态农业产业化发展的根本动力。除了需要政府因势利导，有意识地为生态农业龙头企业创造良好的宏观环境，帮助生态农业龙头企业的创新发展外，更需要作为创新主体的龙头企业自觉

地进行一系列创新活动，以保障农业供给侧结构性改革的顺利进行。

（1）观念创新。观念创新是生态农业龙头企业开展创新活动的前提。在当今国际大市场环境下，企业要想在市场上站稳脚跟，要想有所发展就必须不断开拓创新，而创新首先离不开观念的转变。生态农业龙头企业应培养以下观念。一是市场观念。生态农业龙头企业连接农户与市场，因此必须面向市场，认真分析市场变化情况，及时掌握市场供求信息，每时每刻关注市场动态，坚持市场导向的生产模式。二是知识管理观念。知识更新是企业创新的原动力，知识积累是企业发展的基础。因此，生态农业龙头企业要树立知识管理的观念。三是一体化协调经营观念。生态农业龙头企业要真正形成与基地农户联合起来进行生产、加工的观念，要重视把创新成果、技术成果推广到基地生产中去，只有这样才能实现真正的创新。四是质量观念。质量是企业的生命，是生态农业及其产业化发展的根本。因此，要加强产品的质量观念，保证产品质量，只有这样才能使创新成果获得应有的效益。五是国际竞争的观念。全球经济一体化的趋势将使众多企业的发展离不开国际市场的开拓，企业的观念创新必须体现在树立全球意识的国际化经营和国际竞争观念上。

（2）制度创新。制度创新是企业创新活动的基础。如果说技术创新是实现生态农业龙头企业可持续发展的主要动力，那么制度创新就是实现技术创新的保障。制度创新主要体现在以下几个方面。一是深化产权制度改革，构建适合于社会主义市场经济要求的微观主体。首先，建立"产权清晰、权责明确、政企分开、管理科学"的现代企业制度。其次，构建"投资者拥有企业，企业拥有资产"的现代产权结构，企业应具有对总资产的优化组合和处置权力，以达到资产增值和扩充的目的。最后，要建立所有者权益制度，完善资产管理和运营机制，充分保障所有者的权益。二是完善企业法人治理结构。根据权力机构、经营机构、监督机构相互分离、相互制约的原则，建立合理分权、权责明确、各司其职、运转协调、管理科学的法人治理机构。三是强化企业经营管理，实行管理创新。首先，要采用现代企业管理技术和方法，提高企业的科学管理水平和经营管理效率，健全各项规章制度，逐步把生态农业龙头企业建设成为管理水平先进、技术力量雄厚的现代化企业，使其能充分发挥辐射功能和带动作用。其次，要加强生态农业龙头企业的营销管理，强化企业的品牌战略，以市场为导向，根据市场需求组织基地农户进行生产，充分利用本地特色资源优势，不断完善和创新营销体系，科学组织企业的产品营销活动，多层次、多渠道地搞好绿色农产品流通。

（3）技术创新。技术创新是企业创新的核心，生态农业龙头企业要在激烈的市场竞争中生存和发展，关键在于如何开展技术创新。一是建立生态农业和绿色农产品科研机构，加大科技创新投入。生态农业龙头企业要认识到技术创新对企业长远发展的重要性，要积极树立技术创新的意识。有实力、有能力的生态农业龙头企业要建立自己的科研机构，研究具有自身特色的农产品，发展自主知识产权，培育自己主导的产品，提升产品质量和档次，提升产品的科技含量，提高市场占有率。同时，生态农业龙头企业要不断加大在新技术、新品种、新工艺上研发、引进、推广、成果转化等方面的投入。二是加强与科研机构、高等院校的联系，实施联合研发，积极引进国内外先进绿色农业技术。科研机构在科学技术创新方面有着明显的优势，因此，可以加强与其的联系，进行联合研发。积极探索以企业为主体，以资产为纽带，以高等院校和科研机构为技术依托的产学研联合的新模式及其长效的运行机制，以此来推动生态农业龙头企业的技术开发和技术引进，开发新产品，扩大生产规模，提高加工工艺水平和技术水平。通过产学研集合，使高新技术、高素质人才进入生态农业龙头企业，努力培育一批拥有一流技术、一流人才、一流管理、一流设备、一流效益的生态农业龙头企业。

2. 标准化生产是手段，绿色化质量是目标

提供新供给，创造新需求，应全面实行生产和加工的标准化控制，建立产品质量追溯体系，加强绿色农业产品质量监督。质量是绿色农业产品的核心竞争力，没有质量就没有市场，就没有效益。生态农业产业化重点龙头企业要率先执行国家制定的绿色农产品质量标准，主动把质量及相应的技术规范和农艺要求推广到基地农户，带动农户和基地的标准化生产，创造一大批优质绿色农产品。有条件的生态农业龙头企业要争取通过国际相关组织的产品质量认证、安全卫生认证，以取得进入国际市场的资格，以此来吸引国外消费者。企业要对绿色农产品生产、加工、包装、运输、销售和卫生检疫等进行严格的标准化管理，尽快推行标明绿色农产品产地、质量、等级的标识，建立产品可追溯机制。

3. 培育企业家队伍，提升企业管理水平

提供新供给，创造新需求，促进生态农业产业化发展，应提升生态农业产业化企业管理水平，最具有可操作性的就是发挥企业家的骨干核心作用。生态农业龙头企业能否发展好，就看其有没有优秀的企业家，培育企业家队伍对于企业的发展壮大有着重大影响。首先，要培养企业家的现代管理理念，使他们树立国际竞争观念，形成把企业做大、做强、做久的观念，要做百年老店，经久不衰。其次，要加强对他们的管理技术、管理职能的培训，使他们成为具有先进管理理念的企业家。在企业家队伍建设中，要注重人才引进与内部培养相结合，建立良好的工作环境以吸引具有较高管理水平的管理者进入龙头企业，同时，要注重培养内部的管理人员，共同把龙头企业的管理推向现代管理。

第五章　生态农业产品创新与
供给侧改革

农业供给侧改革要求农产品创新围绕绿色农产品的生产、加工、营销而进行，产品创新是生态农业产业化经营竞争力的核心要素。本章从农业供给侧改革与产品创新的内在联系入手，重点阐述了农业供给侧改革与绿色农产品创新的关系、技术要求、制约因素、对策建议以及绿色农产品地理标志保护等问题。

第一节　农业供给侧结构性改革与产品创新的
内在逻辑

习近平总书记强调，推进供给侧结构性改革，要用改革的办法推进结构调整，减少无效和低端供给，增加有效和中高端供给。这就说明供给侧结构性改革重点是改革，路径也是改革。要针对当前存在的问题，通过改革创新，做好"加减乘除"，最终建立起一个不断适应市场需求的供给体系。

一　农业供给侧改革的含义

2016 年 3 月，在十二届全国人大第四次全体会议上，习近平总书记在参加湖南团讨论时指出：新形势下，农业主要矛盾已经由总量不足转变为结构性的矛盾，主要表现为阶段性的供过于求和供给不足并存。要把推进农业供给侧结构性改革、提高农业综合效益和竞争力，作为当前和今后一个时期我国农业政策改革和完善的主要方向。这就揭示出了我国农业当前面临的主要矛盾以及农业供给侧结构性改革的基本含义。不同农产品面临着阶段性供过于求和供给不足并存的局面，因此不能单纯追求农产品产量的增长，也不能只从国内市场供求的视角对现有各类农产品进行生产结构上的调整，而是要在经济全球化的背景下深入思考如何在总体上提高我国农业的综合效益和国际竞争力。

改革开放以来，我国在解决人民的温饱问题上取得了很大成就，我国粮食生产能力持续稳步增长。特别是 2004~2016 年，粮食的年产量从 8614 亿斤增加到了 12429 亿斤，实现连续 12 年增产。由此可以做出这样的判断，我国粮食的供给能力已经基本可以满足国内的总需求，但突出的问题是，有些粮食品种供不应求的局面在加剧，而有些粮食品种却出现了明显的阶段性供过于求现象。现在超过正常需求的库存粮食品种，大多是不符合市场需求的结果。这里讲的不符合市场需求，不仅仅是数量上的问题，更突出的是国际竞争力的问题。有些品种国内是有需求的，但价格明显高于国际市场，因此产得出来却卖不出去，市场被国外的同类品种或替代品夺走了，于是这些产品就只能进仓库。供不应求的品种，最突出的就是大豆。中国是大豆的故乡，在 20 世纪相当长的时间里，中国始终是世界上大豆产量、出口量第一的国家。但现在我国大豆的产量比历史最高水平减少了约三分之一，在世界上的排名已经降到第四位，巴西、美国、阿根廷的大豆产量都比我国高，而我国大豆的进口量却已经成为世界第一，2015 年全球出口大豆的三分之二是我国购买的。为什么会出现这种生产出来了却卖不出去、国内有需求的却生产不出来的情况？原因当然很多，但根本性的原因有两个：一个是农业科技创新的能力不强；另一个是农业经营体制不适应国际市场竞争的要求。这两个问题是我国农业在经济全球化背景下的软肋，农业的供给侧结构性改革，就是要通过科技创新和体制创新来解决这两个问题。

二　产品创新的相关理论评述

创新理论的提出源于人们认识和分析科学技术在现代工业的成长和发展过程中所起的重要作用，真正从理论上提出问题并阐明了分析方法的是经济学家约瑟夫·熊彼特。在约瑟夫·熊彼特 1912 年出版的成名作《经济发展理论》① 一书中，他明确地将经济发展与创新视如一物，称"经济发展可以定义为执行新的组合"，包括以下五种情况：一是生态新产品的一种新的特性；二是采用一种生态的生产方法；三是开辟一个生态产品的市场；四是生态原材料的一种新的供应源；五是实现一种生物组合。

我们在论述约瑟夫·熊彼特创新理论的时候，应该承认，在这里，他也没有给我们提供一个精致的创新理论，关于政府政策对于技术创新的影响也没有相关的论述。然而，他认为经济发展是一个以创新为核心的演进过程的观点的确可以作为我们制定有效的创新政策战略的指南，作为分析生态农业绿色发展条件下产品创新的理论基础。在约瑟夫·熊彼特看来，创新是一个社会过程，而不仅仅是一种技术的或者经济的现象。尽管对决定这一进程的速度和方向的因素认识仍然不足，但我们已经清楚地了解到技术创新的主体是个人（企业家）和企业，也就是产品创新的博弈主体是个人和企业，而其创新的成败主要依赖于人们所活动于其中的社会经济环境。产品创新的主要目标是创造一个有利的创新环境，而不仅仅是资助科学家基础研究或政府对私人企业的创新产品和研究开发活动进行补贴。同时，值得赞赏的是，约瑟夫·熊彼特把发明、创造和创新区别来看，企业设计、开发、生产、销售一种新产品的能力与发展活动并不一致，两者也不必然共存于同一组织之中。

三　生态农业产品创新的内涵及需求特征

1. 生态农业产品创新的内涵

所谓产品创新，就是该产品的内在价值具有新的使用价值、新的交换价值、新的价值内涵，能够改变人们的生存环境和生产环境。

随着经济社会的发展，人们的物质文化生活水平不断提高，人们的生存环境需求不断得到满足，人们的生活质量不断得到提升，人们的生活预期会越来越高，生态农业前景会越来越美好，这种环境和美好就是要由生态农产品的不断创新来实现。

---

① 〔美〕约瑟夫·熊彼特：《经济发展理论》，美国哈佛大学出版社，1934。

2. 新产品需求的特征

（1）生态产品需求的多样性特征。由于社会需要是多种多样的，适应多种多样的需要必须有多种多样的创新产品，社会生产分为生产资料生产和消费资料生产，各种不同的生产以其产品的不同性质、规格、型号等，会对生产资料提出千差万别的要求。人们对消费资料的需要虽然可以基本归结为吃、喝、住、穿、行的需要，但不同的气候、地域，不同的民族，不同的经济条件也会对消费资料有不同的要求。社会需要的多样性应该得到肯定。马克思说："人以其需要的无限性和广泛性区别于其他一切动物。"① 他还说："人的需要的丰富性"，其意义在于它是"人的本质力量的新的证明。"② 由此，新产品的价值构成，既体现自然生态的价值，又把人的生存与自然的发展联系在一起；既考虑合理利用自然资源，又视为需要维持良性循环的生态系统。在人的自身发展时，既考虑人对自然的改造能力，更重视人与自然和谐相处的能力，以促进人的全面发展。在发挥新产品的价值时，既发挥产品本身自有的价值，又体现产品的生态价值和社会价值。

（2）生态新产品的需求性特征。新产品价值的实质就是满足人的需要，人的需要不仅具有多样性，还具有层次性。马克思将人的需要区分为生存需要、享受需要和发展需要三个层次。资产阶级经济学家马斯洛将人的需要划分为生理的需要、安全的需要、友爱归属的需要、尊重的需要、自我实现的需要五个层次。国外还有一些人也提出了自己不同的需要层次论，如奥德费把人们的需要分成生存的需要、相互关系的需要和成长发展的需要三个层次。麦克利兰则提出人们在基本的生理需要之外还有权力需要、友谊需要和成就需要等，与这些不同层次需要相适应的是开发新产品。对于生存需要，就是开发一般性的满足人们生存的住、吃、穿的需要的产品，例如无公害食品、绿色食品。对于发展的需要，就是需开发与之相适应的高端产品，这种高端产品能够提高人们的生活水平，改变人们的生存环境。对于成长发展的需要，就是要开发与人们智力有关的文化新产品。

---

① 《马克思恩格斯全集》第 49 卷，人民出版社，1982，第 130 页。
② 《马克思恩格斯文集》第 1 卷，人民出版社，2009，第 223 页。

（3）生态农产品的趋势性特征。人类社会的发展总是从低级向高级发展，从低速发展向高速发展，从低级形态向高级形态发展，因此，人类社会的生产是不断向前发展的，这种发展不仅有量的要求，而且有质的要求。社会生产的发展不仅使劳动者的收入增加，还会提供丰富的新的产品以满足消费者新的需要。因此，社会随着生产的发展、产品的创新不断得到发展，也就是说，产品的创新、人们生活水平的提高是不断由低级向高级的发展，自然资源的转换是不断由低级向高级的转换，自然条件改善是不断地从较恶劣的环境向优质的环境发展。这种发展总趋势是向好的，前景是美好的。

四　新产品的供需矛盾与生态农业绿色发展

新产品的供需矛盾包括总量矛盾和结构矛盾。在经济发展过程中，这两类矛盾都会存在，它们会从不同的角度对生态农业绿色发展产生影响。

1. 总量矛盾对生态农业绿色发展的影响

按照马克思的经济理论，一般形态的总量是由社会总供给和社会总需求决定的，总量矛盾是供给与需求不相适应的矛盾。经济总量矛盾包括两种状态，即总供给小于总需求，或者总供给大于总需求。前一种状态是供给短缺，满足不了需要，后一种状态是供给过剩，有效需求不足。这种供给和需求博弈反映在产品上，就是创新产品与老产品的矛盾，是老产品产能过剩，新产品供给不足。总量矛盾中，无论供小于求还是供大于求，都是一种新产品与老产品之间的合作博弈与非合作博弈的关系。供给小于需求即短缺经济，利润不能实现，贷款不能归还，租金不能支付，工资不能发放，卖不出去的产品还需花费保管费用和支付利息，同时企业不能开工，机器设备会闲置起来。因此，新产品质量也有一个博弈过程，只有生产质量过硬的能够适应社会需要的新产品，才是能够实现价值的产品。

2. 结构矛盾对生态农业绿色发展的影响

在供求结构这一对矛盾中，供给结构是矛盾的主要方面，它影响和制约着需求结构。供给结构与需求结构的博弈关系表现在以下几个方面。

首先，供给结构与社会需要之间的博弈关系。这种状况表现为大量需要的新产品生产不够，社会不需要的产品过剩，在这种情况下，对经济发展造成的危害有两个方面：一方面不为社会所需要的产品卖不出去，使用价值或迟或早会丧失，生产者为此要付出沉重的代价；另一方面，社会所需要的得不到满足。如果生产资料得不到满足，生产不能照常进行；如果消费资料得不到满足，同样影响社会生产的正常进行，这是一种非合作博弈的结果。

其次，供给结构超前与社会需要之间的博弈关系。供给结构超前是指生产的产品超过了当时社会需要的水平，即超过了消费者有支付能力的需求。如大量的高档商品房、高档电器产品、高级小轿车等卖不出去。这些产品虽然消费者希望得到，但没有钱去购买，只能"望货兴叹"，这会使产品造成积压，对生产者造成损失。这也是一种供给与生产之间非合作博弈的结果。

最后，供给结构滞后与社会需要之间的博弈关系。这种状况表现为消费者具有较强的支付能力，希望能够购买到款式新颖、功能齐全的中高档商品，但社会生产没跟上，几十年一贯制，只能生产出类型、品种等方面没有多少变化的产品。这种情况同样会使生产者生产出的产品卖不出去，造成经济损失，这同样是生产与社会需要的一种非合作博弈结果。

第二节　产品可持续创新与生态农业绿色发展

产品创新分为模仿类产品创新、改进型产品创新、换代型产品创新、全新型产品创新。创新能力的高低是衡量一个国家和企业核心能力的重要标志。实现产品创新需要提供技术环境、政策环境和文化环境。

一　产品创新类型

1. 模仿类产品创新

模仿创新是指企业通过学习别人的技术进行创新。模仿是在创新思路和创新行为上的模仿，引进和购买率先创新者的核心技术，并在此基础上改进完善，进一步开发提升产品的品质、性能，改善农产品结构。也就是说，技术上的创新要有利于节能减排，有利于资源节约型和环境友好型社会的建设，有利于生态农业效益的提高。

2. 改进型产品创新

改进型产品创新是指产品在技术上的改进和产品质量上的提升，其改进的程度和水平取决于技术含量的高低和产品质量的高低。如技术上没有质的进步，性能上没有质的飞跃，生态农业效益就没有明显提高。

3. 换代型产品创新

换代型生态农产品创新是指一代产品的发展和运用已经到了终点，或者说这代产品已经没有市场，确实需要进行更新，这种更新不仅是产品外形的更新，更是产品技术含量的提升、产品性能的提升、产品效益的提升。

4. 全新型产品创新

全新型产品创新是指该产品在技术上有所突破，在性能上有所创新，在品质上有所提升，在品牌上有所超越，在使用上有所跨越。如新能源汽车的使用，对于空气环境的净化和提升人民群众的生活质量具有极其重大意义。

二 创新能力是国家兴旺和企业进步的核心能力

一个国家创新能力的体现是国家科学技术发展的能力，科技运用的能力，产业结构调整的能力，经济质量提升的能力，新兴产业发展的能力，产业转型升级的能力。这类能力的运用和发挥取决于国家发展战略，取决于对科学技术重视的程度，取决于技术管理创新的水平。企业创新能力表现为企业对新技术、新材料、新工艺、新设备的运用能力，企业对新产品开发的能力，企业对新文化运用的能力，等等。这类企业能力的运用水平，取决于企业领导的现代化管理水平，取决于企业投资的决策水平，取决于对现代管理手段的运用水平，取决于思维方式的转变水平。

三 产品创新与生态农业绿色发展

全新的产品能够满足人们物质文化生活需求的不断增长，全新的产品能够开辟广阔的市场，能够优化环境、净化空气，提升资源生态效益。但是，新产品与资源生态效益总是处于矛盾运动之中，有的新产品虽然有市场，有消费群体，但不一定有生态效益。比如化工产品，其负面效应主要表现在对生态环境的破坏，对空气的污染，对水质的破坏，对人们健康的损害，其资源生态效益水平很低，甚至为零，经济效益却很高，这是一种以破坏环境为代价的经济效益。

第三节　生态农业新产品开发的问题与供给侧改革

经过多年的发展，我国的绿色农业产业化经营水平已有了明显提升。但是，我国绿色农业的比较优势还没有得到充分发挥，以绿色为原料的龙头企业还没有充分发展，绿色农业产业化主导产品开发还面临一些制约因素。

一　生态农业产业化新产品开发的制约因素

1. 农业投入不足，限制区域生态农业产业化新产品的开发

（1）资金投入不足。近年来，无论主体还是客体对农业的投入量均不足。从全国来看，有的地方将国家有限的投入资金用于工资发放，也有些地方将农业投入资金挪作他用，上一些与农业无关的项目，特别是农村实行家庭联产承包责任制以后，集体经济普遍比较薄弱，大部分集体经济积累能力差，有的成为有集体无经济的"空壳村"，甚至负债累累。集体也缺乏增加农业投入的能力。从主体上看，由于分散的家庭经济，农产品一直处于低价位运行，加之种田成本居高不下，务农劳力素质低，种田比较效益低，增产不增收，影响了农民的积极性，影响了投入主体对农业的投资愿望。

（2）农业科技投入不足。科学技术是第一生产力，但只是潜在的生产力，要把科学技术真正应用到农业生产中去，关键是提高科学技术在农业增效、农民增收中的贡献份额。资料显示，目前发达国家的科技贡献份额为70%～80%，而我国只有50%左右。一方面，绿色农业生产已经发展到了一定水平，向高层次发展更需要科技做后盾；另一方面，农业生产水平进一步提高，但科技资金投入不足，科技成果储备少，农产品高科技成果与推广脱节，科技贡献份额减少，加之掌握科技的人数与质量矛盾，与绿色农业生产需要不相适应，也进一步影响着增加科技投入的效果。

2. 农业基础设施薄弱

尽管经过多年的不懈努力，农业基础设施曾给许多地方带来不少益处，但也有不少问题。首先，农业资源利用和保护的关系尚未理顺。目前我国多数地方掠夺式经营屡见不鲜，农产品科技含量低，加工产品少，多数集中在农业资源材料上，技术附加值低。其次，地方财政用于投入农业的资金几乎没有，加上企业效益低、负担大，难以在政府规定提取的农业基金以外增加支农资金，而农业自我积累能力有限，除投入生产费用外不能拿出更多的钱用于基础设施建设，致使水利失修、河道淤积、水资源调节能力下降。近年来，由于水利建设费用增加缓慢，"吃老本、靠老天"，大部分排水河道淤积严重，引水困难，河床抬高，断面容量降低，蓄水量减少，大部分农用泵、闸、站、桥等排灌设施配套灌溉动力不足，维修保养不及时，有效的水资源得不到充分利用。

3. 农村社会化服务体系和农业支持保障体系不健全

虽然进行了农业结构的调整，但我国种植结构仍然不够合理，其中粮、棉、油仍然占多数，大多数农民从特经作物、畜禽养殖、水产业以及林业中获得的收入仍然不高。我国大部分地区粮、棉、油等大宗农产品在国内市场时有过剩，农业标准化工作才刚刚起步，很多规范还得从零做起，加之现行农产品质量、价格、残留物等指标在国际市场竞争中处于劣势，短期内国际市场难以打开，这给农产品的出口贸易带来了巨大的压力。如农民收入增长缓慢，会导致农民生产性投入下滑，消费支出下降，直接影响着农民的生产积极性和农村市场的启动。同时，农村集体经济组织、合作经济规模还比较小，功能也比较弱，农民的组织化程度还比较低，致使出现农业主导产品与新阶段的市场要求很不适应的局面。由于在实践中对农民的生产经营缺乏有效的引导机制和调控机制，不能有效地保护绿色农业生产者的利益，绿色农业在产前、产中、产后都亟待健全社会化服务体系和农业支持保障体系。

4. 劳动力素质不高

劳动力是农业生产重要的要素之一，而且是最能动的要素，它在很大程度上决定农业生产的价值量。然而，农村劳动力数量大，转移难，劳动生产率难以提高。一是农业劳力素质低，农业效益提高慢。在市场经济条件下，农业效益的提高主要依靠农业科技水平的提高，能生产出适应市场需要的各种农产品。然而目前农业劳动力不能适应农业科学种植的形势。从目前从事农业生产的劳动者素质看，其市场竞争意识差，接受新的农业技术知识难，他们已远远不能适应科教兴农、加快产业化进程，以及推进高产、优质、高效、生态、安全农业发展的需要，这极大地制约了农业生产效益快速提高。二是农村劳动力转移难。近年来，二、三产业的发展使得一部分农村劳动力实施了转移，即使如此，在农业领域就业的劳动力由于文化技术素质较低而被淘汰回到农村，农业则成为剩余劳动力的收容所，这些都极大地阻碍着绿色农业产业化主导产品开发的进程。

二 加快生态农业产业化新产品开发的供给侧改革

绿色农业产业化经营需要更合理的结构优化，需要尽快实现绿色农业产业化新产品或主导产品的开发布局。绿色农业产业化新产品的开发需要政府的政策引导、综合协调及相关部门的通力合作。

1. 加快生态农业新产品产业化开发的供给侧改革途径

绿色新产品的产业化开发是带动绿色农业结构调整的主要力量，是提高农产品市场竞争力的重要举措，也是增加农民收入，提高农业综合效益的重要途径。我们应做到以下几点。一是围绕调整绿色农业结构，培植一批规模特色基地，扩大绿色农业产业化新产品规模。二是突出发展主导产品龙头加工企业，着力提高绿色农产品附加值，扩大超市的绿色农产品市场。同时，继续精心组织各类绿色农产品市场开拓，积极组织参加绿色农业产业化新产品展示展销、信息发布、项目推介等活动，主攻城市市场，突出"超市绿色农业"，力争使更多绿色农业产业化新产品进入城市大中型超市。

2. 加快生态农业产业化新产品开发社会化服务体系建设的供给侧改革

目前，我国的农技队伍和服务体系建设滞后主要体现在两个方面。一是基层绿色农业科技人员不能适应当前绿色农业结构调整的新形势，他们知识结构老化、风险意识不强，不少农技人员指导能力仍局限在传统生产项目上，对于群众迫切需要的绿色特种蔬菜、水果、畜禽、水产等生产技术指导爱莫能助。对于组织、指导农户走联合的道路，实现产、供、销一体化经营更是无能为力。二是乡镇行政区域调整过程中，原有的服务组织人心不稳、功能弱化、机构解体、资产流失等问题日益突出。

乡镇一级农技推广机构是农技推广和服务体系建设的重点。绿色农业产业化新产品开发对乡镇农技队伍、服务体系目标有了更高的要求，不仅要建立一支用现代绿色农业科技知识武装的高素质农技推广和经营管理队伍，还要拥有一套适应现代化绿色农业发展要求的服务设施和服务手段，拥有一方用于绿色农业科技推广的示范基地。

基层各职能部门服务绿色农业发展要与农业产业化新产品开发相适应，与农民现实需求相契合。我们应适应绿色农业产业化新产品开发的需要，尊重农民的现实要求，进一步探索土地合理流转机制，提高土地的规模化程度。应创新集体经济实现形式，重构农村集体经济组织，强化农村集体经济组织的服务功能；积极发展绿色农业生产性服务业，加快构建包括农村集体经济组织、政府绿色农业服务部门、农民专业合作社、涉农企业和农民自身在内的新型多元化绿色农业社会化服务体系，大力开展农资配送、疫病防控、技术指导、农机作业、农产品营销等方面的全过程服务，切实解决农民一家一户办不了、办不好的问题。

3. 加快生态农业信息服务系统建设的供给侧改革

绿色农业生产的组织化程度低、自然和市场双重风险困扰等特点，使得绿色农业成为更需信息服务产业支撑、更需政府扶持的产业。当前世界经济发展的重要特征之一，即信息产业正在成为经济增长的催化剂和倍增器，成为经济新一轮高速增长的关键。生产者需要通过各类信息网络提供的服务，决定生产什么、生产多少、为谁生产。然而，信息产业在自身崛起和迅猛扩张的同时，先进的信息技术也对其他产业具有强力渗透、改造和推动作用，包括绿色农业在内的任何其他产业都可以享受信息革命的成果。通过信息化改造，可以减少管理层次，降低成本，提高效率，使整个经济系统在生产、经营、市场、技术、管理等方面发生根本性的变革。

作为区域绿色农业产业化新产品的开发，必须立足于国内外两个市场。在当前买方市场条件下，开拓绿色农产品的销售渠道，特别是开拓国际农产品市场，成为绿色农业产业化新产品开发的关键。为此，建议政府在帮助农民将绿色农产品推向国际市场方面提供下列服务。一是收集信息。建议由政府组成专门的部门，适当地定期收集农村基层绿色农产品的信息资料，在农民自愿的条件下进行产品销售服务的申请。申请者在申请时应至少提供产品的名称、产品的特色、可以实际观察到产品的地点、申请者的住址以及申请者的联系方式等信息。二是代理服务。相当数量的农民也许并没有能力直接与客户进行洽谈，因此应向农民提供销售咨询、协作及代理服务，帮助没有能力的农民销售自己的产品。

4. 建立生态农业政策性保险制度的供给侧改革

我国农村在实施家庭联产承包责任制后，千家万户的小农分散开来，独立闯市场，面临的市场不确定性增大。显然，实施产业化经营可以部分地分散农户的市场风险，但自然风险依然存在，且个人边际损失更大。绿色农业风险过大是绿色农产品缺乏竞争力、绿色农业技术创新不足的一个重要原因。农户和企业都需要一种有效的制度安排，将这种风险转移、分散，绿色农业政策性保险被证明是一种有效的制度安排。

从供给侧视角分析，为增强绿色农业的风险承受能力，保护绿色农业生产稳定发展和维护生产者的利益，建立绿色农业保险制度势在必行。在发达国家，绿色农业保险已受到广泛重视，成为政府支持绿色农业发展的重要手段，美国、日本、加拿大等国均有较为完善的绿色农业保险体系。以美国为例，政府为所有参加保险的农作物提供30%的保险费补贴，投保农民的作物减产30%以上时，可以获得联邦保险公司提供的高额赔付。这样既可以通过农作物保险保证生产者收入的稳定，取代灾害救济和价格补贴的做法，又不违背WTO规则，能起到保护农业的作用，这种做法是值得我国借鉴的。

从农业供给侧改革来看，政府可以通过建立绿色农业保险制度，改变计划经济体制下传统的扶贫、补贴方式，将救济、补贴转化为绿色农业保险费补贴，从而建立起适应市场经济体制的、稳定的、市场化的绿色农业资金输入机制。

政策性绿色农业保险机构还要不断改善绿色农业供给技术。一是从低保障水平、单一险种起步，逐步、分阶段扩张。二是体现企业化经营的原则，采用多级费率、多级保障水平的方式，满足不同层次农户的需求，鼓励有能力投保的农户积极参与。三是保险与信贷相结合。将参与保险作为农户获得信贷的基础条件之一，由政策性保险机构、农户和银行共同承担风险，损失发生后由保险公司归还一定额度的贷款，改善农户获得信贷的条件。四是对采用新技术或参与绿色农业产业化经营的投保农户，适当增加保费补贴，以激励绿色农业科技创新和农村产业结构调整。五是由政府协调，以政策性保险机构为主，做好绿色农业灾害调查和损失评估工作，进而搞好绿色农业风险的区划分类，建立保险精算的基础。

5. 增强绿色农产品市场竞争力，加大供给侧改革力度

从供给侧来看，绿色农业产业化新产品开发是我国绿色农业发展的战略重点和农民增收的有效途径。各地政府应当把这项工作摆在突出位置，以改革创新的精神、求真务实的作风，扎扎实实地向前推进。要在切实尊重和保障农民利益、市场主体地位和经营自主权的前提下，从政策引导、资金倾斜、技术帮助等方面，充分调动和发挥龙头企业和农民两个方面的积极性。要增强绿色农产品市场竞争力，努力提高科技对绿色农业的贡献份额。其供给侧改革路径如下。一是大力引进、开发和推广优势绿色农业新产品、新技术和新材料，利用现代生物技术、信息技术，加快我国绿色农业产业化新产品开发升级，加速实现棉花高强化，油菜"双低"化，传统产品特色化，水稻优质化，小麦专用化，特径蔬菜、水产品良种化。二是加快建设一批优势绿色农业科技示范园区，充分发挥其"对外树形象、对内示范引导"作用，带动农民发展绿色农业产业化新产品生产。三是实施农民教育工程，加强农技队伍培训，建立绿色农业科技推广机构，配齐村级农技人员，经常主办讲座、科普集市、巡回宣讲、现场示范等活动，真正把绿色农业科技信息送到镇、村、田头，提高全体农民的科技素质。

第四节　绿色农产品的地理标志保护与利用

农产品地理标志是指源于特定地域，产品品质和相关特征主要取决于自然生态环境和历史人文因素，并以地域名称冠名的特有农产品标识。此处农产品是指源于绿色农业的初级产品，即在绿色农业活动中获得的植物、动物、微生物及其产品。农产品地理标志既是一种质量证书，又代表了产地信誉，因此有着广泛的社会影响。

一 农产品地理标志的内涵

1. 农产品地理标志的概念

要准确认识农产品地理标志，应注意区分与其相关的两个概念，即农产品货源标记和农产品原产地名称。农产品地理标志是一个综合性的历史概念，它与农产品货源标记和农产品原产地名称具有深厚的历史渊源。

（1）农产品地理标志是农产品货源标记的子集，是特殊的货源标记，但在实践中应严格区别农产品地理标志和农产品货源标记，突出和强调农产品地理标志的质量指示作用，基于这项功能，农产品地理标志才从农产品货源标记中分离出来，自成一个独立的体系。农产品货源标记这一概念包含两个要素。第一，使用该标记的法律意义在于指示农产品的地理来源。农产品货源标记旨在构建农产品和产地的一般性联系，与农产品的质量无关。农产品的货源标记只代表产地的整体信誉，与农产品质量没有直接联系，更不代表农产品的特定质量品质。第二，农产品货源标记的构成要素无严格限定，包括直接标志和间接标志。直接标志是指能够直接表示农产品源于某一特定区域的地理名称，如自然地名、历史地名、行政区划名等。间接标志是指用于农产品上的与地理来源有关的象征性标记，它能够使消费者联想到特定地理区域，从而达到间接标示农产品产地的效果。

（2）农产品原产地名称的构成必须是一个国家、地区，或地方直接的、真实存在的地理名称，排除间接标示地理区域的象征性符号或其他与地理来源有关的标记。它表明农产品和与其指示的地理区域有内在联系。这种联系体现在农产品的质量和特征上，主要或完全取决于原产地名称所标示地域的地理环境，而地理环境又被严格限定为自然因素和人文因素。

（3）从表现形式上看，农产品货源标记和农产品地理标志可以表现为直接的地理名称和间接的与地理来源相关的标记，而农产品原产地名称只可以表现为直接的地理名称。另外，农产品货源标记只具有指示农产品地理来源的单一功能，而农产品原产地名称和农产品地理标志具有产地指示和质量指示的双重功能，两者暗含了其指示的地域地理环境，培育了农产品独有的或者其基本的特定质量，相对于农产品原产地名称来说，农产品地理标志增加了"声誉"一项，且只要求"质量""声誉"或"其他特征"

这三项中有一项与地理来源地存在内在联系即可，而农产品原产地名称则要求农产品的质量和其他特征同时归因于产地。

2. 地理标志农产品的含义

地理标志农产品是指按照传统工艺在特定地域内生产，所具有的质量、特色和声誉在本质上取决于该产地的质量因素和人文因素，并经过国家质检总局审核批准以地理名称命名的农产品。它包括来自本地区的种植、养殖产品以及原材料全部来自本地区或部分来自其他地区并在本地区按照特定工艺生产和加工的农产品。

地理标志农产品具有以下特征：一是称谓由地理区域名称和农产品通用名称构成；二是产品有独特的品质特性或者特定的生产方式；三是产品品质和特色主要取决于独特的自然生态环境和人文历史因素；四是产品有限定的生产区域范围；五是产地环境、产品质量符合国家强制性技术规范要求。

3. 农产品地理标志的基本内涵

（1）农产品地理标志表明了农产品的真实来源。农产品地理标志是一种地理名称，但它不是一般的地理名称。其为实际存在的地理名称，其涵盖的地域范围大可以是国家，小可以是省、市、县、镇、村。农产品地理标志就是特定地域内某种农产品的生产、加工者共同使用的一种商业标记。

（2）地理标志农产品具有独特品质、声誉或其他特点。农产品地理标志是具有较好声誉的地理名称。其之所以不同于一般的农产品产地名称，关键是地理标志农产品的特定质量和特色是由产地内的自然因素和人为因素决定的。这里的自然因素是指产地内的环境、气候、土质、水源、物种以及天然原料等；这里的人为因素主要指产地特有的农产品生产技术、加工工艺、传统配方或秘诀等。上述人文地理条件对农产品地理标志形成的作用是一个历史过程，它可能表现为产地内世代生产者对生产技术、生产资料等生产要素的规律性认识，进而形成稳定的农产品质量和特色，表现为公众消费者对该种农产品的质量和特色的普遍认同，由此形成产品信誉。

（3）地理标志农产品的品质或特点本质上可归因于其特殊的地理来源，并不是每个地理名称都能自然地充当农产品地理标志。只有一项标识可以区别农产品源自特定地域，而该地域赋予农产品以突出质量、信誉或其他特征，该标识才能上升为农产品地理标志。

二 农产品地理标志对生态农业产业化新产品开发的重要作用

农产品地理标志的合理利用，能够促进名、优、土、特等绿色农产品的产业化经营。我国农副土特产品十分丰富，通过采用国际标准实施标准化生产，提高地理标志农产品的质量、包装、标签、检验检疫等方面的标准和水平，以农产品地理标志为纽带、以龙头企业为中介，将分散的农户组织起来，以集体的面貌和力量参与市场竞争，可以有效地提高分散的农户在市场竞争中的能力和地位，提高绿色农业产业化新产品开发的能力和水平。一方面，地理标志农产品不但被传统所接受认可，并且在国家有关部门审查、注册和登记，已经有特定的市场和消费群体。既然是被国家确定和监控的名优土特农产品，相关生产经营者就不必在农产品的市场发育方面再进行人力、物力和财力的大量投入，可以集中力量对地理标志农产品进行深层次开发。另一方面，农产品地理标志在特定地域内的"共用性"以及对特定地域外的"排他性"，不但会引导当地企业对该地理标志农产品产业的投入，而且会吸引本地以外企业投入绿色食品产业，这将努力地支持和推进绿色农业产业化发展。

三 生态农业产业化新产品地理标志保护与利用的制度安排

1. 建立质量控制与标志保护并举的管理模式

绿色农业产业化新产品地理标志要实行以质量控制为核心的发展战略，通过质量控制增强地理标志农产品的市场竞争力。绿色农产品地理标志管理的目的不仅是知识产权保护，而且是终端产品能够销售出去。绿色农产品地理标志不同于普通农产品的地理标志，产地条件和生产过程有其特殊性，为此，必须重视绿色农产品地理标志的质量控制和危害风险管理，持续保持和提高绿色农产品地理标志的竞争优势和精品地位，使其声誉持续保持。同时，还要对登记的绿色农产品地理标志进行严格的保护，防止绿色农产品地理标志的平庸化和通俗化，维护绿色农产品地理标志的市场经济秩序，杜绝假冒伪劣产品，维护绿色农产品地理标志利益相关者的利益。质量控制和标志保护同步推进以实现对绿色农产品地理标志的双重保护，对已有制度进行完善和补充。

2. 建立公权与私权相结合的产权制度

从绿色农产品地理标志的产权性质上看，所有权应归国家，但为适应国际条约的要求，所有权在表现形式上可由国家委托地方政府所属组织机构、地域性行业协会等专业合作组织行使所有权，由以上组织承担日常的管理工作。绿色农产品地理标志应向专门的组织机构进行申请，国家对其授权。绿色农产品地理标志应由区域内符合绿色农产品地理标志标准条件的生产、经营者进行使用。

3. 建立登记标志与公共标识使用并行的制度

绿色农产品地理标志在登记申请时，需要提供自行设计的文字形式和标志图形，作为登记标志注册。但为了证明该地域内的生产经营者的地理标志产品符合绿色农产品的标准，便于消费者识别，绿色农产品地理标志使用者可在其产品上使用全国统一的绿色农产品地理标志公共标识。并不是地域内所有的生产者都能使用这个公共标识，而是要达到绿色农产品地理标志产品规定的条件和质量标准要求，才能进行使用。绿色农产品地理标志登记和公共标识受到保护，禁止任何与该登记标志和公共标识相同或相似的虚假和欺骗性行为。

四　对转基因农产品敏感度的价格形成机制问题的分析

1. 转基因农产品的含义

转基因农产品是指利用基因工程的某些技术改变农产品基因构成，主要包括转基因植物、转基因动物和转基因生物等方面。基因能够控制物种的性状，如果基因改变了，那么机体的性能就会随之改变。如抗除草剂作物，就是在作物中引入一种能够抑制除草剂的催化酶，使作物可以在除草剂存在的环境中成长，这就是转基因的原理。

2. 转基因技术和农产品的危害及其影响

转基因技术可以降低农产品生产成本，增加其作物产量，降低生产不确定性。但转基因技术的负面影响也较多，主要包括：一是生态环境影响，转基因技术可能导致害虫或野草产生抗性，使害虫或野草不再受到外界干扰而疯狂繁殖、生长，严重影响生态系统平衡，甚至导致自然生物种群发生变异；二是食品安全影响，主要是转基因农产品在毒性、过敏反应、抗药性、免疫力等方面存在安全隐患。

近年来，转基因技术在农产品生产方面的运用越来越普遍，世界各国在大豆、玉米、棉花等农产品生产方面都采用了转基因技术，其占比已经达到99%以上。其中，美国的转基因玉米产量已经占到全美玉米产量的36%，产量超过9000万吨。此外，美国还是转基因棉花种植率最高的国家。目前，只有美国和加拿大这两个国家可以种植转基因油菜，其他国家还不能种植。虽然转基因农作物在全球范围得到一定程度的推广，转基因农产品市场销售额也迅速增加，如2016年转基因农产品销售额达到550亿美元，但在世界市场上，转基因农产品被拒绝的现象也非常普遍，很多国家对转基因农产品采取了全方位关闭政策。

转基因技术在创造分子生物学奇迹的同时也留下了巨大的悬念。由科技理性所驱动的现代性总是在解决一个问题的同时，也存在产生另一个问题的可能性。在这种情况下，转基因技术留给人们的选择只有两个：要么以风险换取技术红利，要么放弃技术红利以保安全。由于无法用科学手段排除转基因技术的不确定性，科学也能成为反对者的武器。

作为一种尖端科技，普通消费者对转基因技术的了解是十分有限的。但是2003年SARS危机所引起的恐慌，近年来对雾霾和水污染等环境健康风险的直接感知和日常体验，媒体的风险提示特别是互联网和社交媒体对环境事件的传播和发酵，极大地提高了普通民众的风险意识和对高风险社会的认知。上述变化扩大了反对转基因技术的社会基础，即在由少数风险意识比较强的知识分子构成的"反转"行动主体中，加入了非政府组织、社会公众人物、"公共知识分子"以及具有一定风险认知的普通消费者。于是，一个足以在舆论上与"挺转"方相抗衡的"反转"阵营出现在当下中国社会。

"反转"方认为，转基因技术的风险涉及三个方面，即生命安全、生态安全及国家安全。生命安全是指转基因食品可能存在毒性问题，并可能有很长时间的潜伏期，同时也无法判断对人身体的影响；生态安全来自转基因技术的分子生物学机制，即不同物种的基因相互融合，可能会造成基因污染，引发生态安全问题；国家安全则涉及核心专利技术垄断对国家安全的影响。2009 年 8 月农业部发放的转基因水稻和转基因玉米的生产应用安全证书，激起了"反转"方的强烈反应，首先是国内 16 位知名学者发布了《关于暂缓推广转基因主粮的呼吁书》，紧接着 50 名海外学者发布了《我们关于转基因水稻、玉米商业化种植问题的意见书》，引起广泛的社会关注和对转基因技术的担忧。在两份意见所表达的一系列态度中，最重要的观点就是转基因在上述三个方面的技术风险和不确定性。

在人的自我保护本能中，出于维护自身安全的目的，个体总是最大限度地谋求确定性问题。因此，当科学手段无法排除转基因技术的不确定性时，不应当贸然推进转基因技术的应用。一旦转基因技术的"潜在风险"成为现实，极有可能导致严重的后果。即便是自称中间派的"杂交水稻之父"袁隆平也认为，在没有实验结果作为根据的前提下，将转基因用于粮食生产是要慎重的。

3. 对转基因农产品的价格抑制政策

针对转基因农产品发展方面存在的问题，在价格形成机制和价格管理方面的措施如下。一是在转基因农产品价格形成上发挥抑制作用。对转基因农产品实行低价政策，以限制转基因农产品的贸易。二是加强重点环节价格管理，将转基因农产品发展中的系统性风险降到最低，为防止中国成为转基因农产品潜在价格风险和食品风险的受害国，必须在农产品进口环节做好风险防范。三是进行正确舆论引导。政府必须做好舆论方面的引导工作，通过真实反映问题、传播相关知识与价格信息、正确宣传转基因农产品的积极作用等方式，消除消费者对转基因农产品安全的诸多质疑。

第六章　新型农业经营主体培育创新与
供给侧改革

生态农业产业化经营的实质是生态农业经营主体培育及其相互关系的创新，是生态农业在应对新的农产品消费环境下新型农业经营主体培育的创新，是农业供给侧结构性改革的重要内容。本章重点探讨了新型农业经营主体培育创新的概念、国外农业产业化经营组织形式、我国生态农业产业化经营主体培育创新等问题。

第一节　新型农业经营主体培育创新与供给侧
结构性改革概述

从供给侧结构性改革分析，生态农业是以绿色农产品产业化为主线的生态、安全、优质、高产、高效的现代化农业，是在绿色食品发展的基础上对生态农业等农业发展模式进行的探索、总结、扩展、提升与系统化，是生态经济的重要内容和基础。而新型农业经营主体培育创新是指运用利益机制，依托生态农业产业化经营主体，将生态农业生产、供应、营销、服务等环节连为一体，进行市场化运作的产业主体和经营模式。

一　新型农业经营培育创新的内涵与供给侧结构性改革

1. 新型农业经营主体培育创新的内涵

从新制度经济学的角度来看，新型农业经营主体是重要的社会资源，是产业化依托的载体，是产业化顺利发展的保障。新型农业经营主体培育创新是指在农业产业化一体化组织系统内，各参与主体之间相互联系和影响所构成的经营模式。新型农业经营主体是农业产业化经营的外在形态表现，是构成产业化组织的基本框架和载体。农业的产业化经营必须按照相应的制度来运行，并靠一定的经营主体来维系。因此，新型农业经营主体培育创新是农业产业化制度和管理的重要内容。

通过建立与生态农业产业化发展相适应的经营组织模式，可以妥善地解决生态农业发展中小生产与大市场的矛盾，以及小生产与生态农业产业规模化、标准化、集约化发展的矛盾。同时，可以实现生产要素和环境资源的合理配置，生产有市场潜力和发展潜质的绿色农产品，提高生态农业生产效率，节约生产资金，还能为农村剩余劳动力创造再就业机会。另外，还能优化生态农业系统结构，使农、林、牧、副、渔各业和农村第一、二、三产业协调发展，同时借用现代科技手段，提高绿色农业产业系统的综合生产能力和竞争力。

2. 农业供给侧结构性改革

农业供给侧结构性改革是按照生态农业绿色发展的总要求，改善农业的供给结构，创造和提供生态农业新的需求。我国耕地总面积不小，有18.6亿多亩，但是农民的数量也多，于是人均经营的耕地面积很小，效率也就难以上去。农村改革初期，中央1982～1986年连续发布了5个一号文件，提出要延长农民经营土地的承包期，延长到15年。但文件中同时也提出了鼓励耕地向种田能手集中，这就涉及农户承包土地的流转、集中规模经营了。因此，农村土地的流转，实际上这40多年来一直都在进行。2016年中央办公厅和国务院办公厅发布了关于推进农村土地三权分离的文件。这件事应该说农民和基层一直都在做，但一直没能从理论上、政策上把关系真正讲清楚。实行集体土地由农民家庭经营后，理论上的概括是"两权分离"，即土地的所有权是集体的，而土地的承包经营权是农户的。那么土地流转，流转的是私权吗，土地的经营权与承包权能不能分开，对这些问题，至少在现行的有关法律中还没有明确讲到。2013年11月12日，党的十八届三中全会通过的决定里提道：赋予农民对承包地占有、使用、收益、流转及承包经营权抵押、担保权能，允许农民以承包经营权入股发展农业产业化经营。鼓励承包经营权在公开市场上向专业大户、家庭农场、农民合作社、农业企业流转，发展多种形式的规模经营。这里讲的都是"承包经营权"，还没有把承包权与经营权分开。顺应农民保留土地承包权、流转土地经营权的愿望，把农民土地权利分为承包权和经营权，实现承包权和经营权分置并行，这是我国农村改革的又一次重大创新。这就把农村集体的土地谁能承包、承包到户后的土地可以怎样经营、土地的承包权与土地的经营权是什么关系等问题都讲透了，下一步要把这些问题变成政策、变成法律，那农民就放心了，就敢于流转自己承包土地的经营权了。

对于土地流转，过去确实有很多农民不放心，总是担心流转了土地的经营权，到最后连土地的承包权也给弄丢了。现在推出三权分离之后，进一步在法律上、制度上加以规范，通过对农户土地承包权的确权、登记，通过修订相关法律，落实中央提出的农民土地承包经营权"长久不变"的政策，农民承包土地经营权流转的局面会变得更好。

目前，大约有30%的承包农户全部或部分流转出了自家承包土地的经营权，流转的总面积大约占农户承包土地总面积的三分之一。根据农业部2016年公布的数据，全国农村现在经营土地面积在50亩以上的有350万户，这350万户一共经营的耕地是3亿5千万亩，平均每户经营100亩。这已经够规模了，因为一个农业经营主体要经营100亩土地，差不多得有十户农民把承包土地的经营权流转给你，你才能种这么多的地。这100亩的规模确实不小，但和新大陆国家比就算不上什么规模了，但这还是次要的，更重要的问题是，经营100亩农地的经营主体，他能采用什么样的技术手段来经营土地。

就国家和地区的农业经营规模来看，在日本、韩国、中国台湾等地，经营几十亩、上百亩地的农户不在少数，而且纯粹从技术角度来看，他们的农业现代化程度已经相当高了。但是问题在于无论是韩国、日本还是中国台湾地区，在生产粮、棉、油等大宗农产品方面，在国际上都是没有竞争力的。这反映出一个很重要的问题，就是土地密集型的农业生产，不仅需要相当规模的土地，更需要有现代化的大型农业机械，它的作业单位都是以万亩为目标的，上万亩、几万亩的农地经营规模，才能够充分发挥这些大型机械的效率，土地经营规模小了就用不上。日本、韩国和中国台湾地区的农户经营，之所以在土地密集型农产品方面缺乏竞争力，很重要的原因就在这里。我国的北大荒机械化生产程度很高，最新型的进口大型拖拉机是 550 马力的，在秋翻地的抢农季节，如果息人不息机器，一昼夜可以翻地 5000 亩。以这样的拖拉机配套上全部农机具，没有上万亩的耕地面积，它的效率就根本发挥不出来。所以如果流转不了那么多的耕地，买了这样的农机具就会闲置、亏损。但没有这么大的耕地面积，是不是就用不了这样的现代化大型农业机械呢？我们可以用创新的办法解决。自家的承包面积不够，加上流转来的耕地面积还是不够，但 550 马力的拖拉机和全套的农机具照样买，因为买之前就知道，这不是光给自家用的，而是要给周边的农户提供服务的。黑龙江发展了以农户土地经营权入股的土地股份合作社。黑龙江五常市的农民水稻合作社，以经营权入股的土地面积达到四万亩，以适应使用先进的农业机械的需要。同时，各地的农民还创造了土地托管、代耕等新的经营形式，就是有些家里主要劳动力外出了，但又不愿意流转土地的经营权，于是就通过购买服务的方式，请服务组织或服务专业户耕作自家的承包地。几十户、几百户这样的农户连在一起，照样可以为机械化大规模作业提供足够的空间。经过农民的创造创新，是两条路都在走：既通过土地经营权的流转发展土地的规模经营，又通过扩大服务的规模，让更多的小规模农户也实现了现代化的农机具作业。

从农业经营体制来看，推进新型城镇化以逐步减少农村人口，让土地经营权更多地流转、集中，实现耕地的规模经营，这是一个相当长的历史过程，更应该看到农民在这方面的创新和创造，包括扩大服务的规模。用扩大现代农业服务规模来弥补我们耕地经营规模的不足，这可能是我国农业经营体系创新方面的一种独特要求。加速我国的城镇化建设，实现 70% 的人口在城镇定居，不是一件很容易的事，但即使实现了这个目标，还会有四五亿人在农村生产、生活。正因为这样，我国一定要走出一条有自己特色的农业现代化道路，包括适合国情、村情、农情的规模化之路。要重视两种经营主体：一种是在自己经营土地上提供农产品的经营主体；另一种是给提供产品的农户提供生产作业各环节服务的经营主体。这两方面的经验都要认真总结，这样才能为经营主体的创新提供更开阔的视野，因此要认真总结农业供给侧改革方面农民创造的新鲜经验。

二 生态农业产业化经营的组织原则

1. 平衡性原则

根据平衡性原则，生态农业产业化经营组织中的多元参与主体之间必然存在建立在组织共同目标之上的互助互利、合作博弈的经济关系。而我国生态农业产业化经营的主要力量是生产规模小且极为分散的农户，他们的主体利益只有在参与生态农业产业化经营系统的情况下，才有相应的保障。如果契约定得不合理、合作的诱因不充分，或者合作赢利被某个参与主体所垄断的话，生态农业产业化经营组织将失去活力而消亡，而且这样的生态农业产业化经营主体也必定是不平衡或不稳定的。因此，生态农业产业化经营要求农户提高组织化程度，联合起来分享产业协同效益。

2. 效率原则

生态农业产业化经营各参与主体按照稳定的组织系统而有规律、有秩序地运作，必定产生协同效应，加之他们对经营主体的忠诚，从而产生新的价值。因此，生态农业产业化经营主体系统内部能够较好地发挥效率原则，按照产业化组织系统的目标，尽可能高效率地利用给定的资源，使效率准则成为其管理决策的一个基本原则。

3. 利益共享原则

满足各方的利益是任何新型农业经营主体存在的目标之一，因此利益共享原则是生态农业产业化经营主体的生命。新型农业经营主体必须对其参与者有经济上的吸引力，让其能够通过生态农业产业化经营实现稳定的经济利益。根据利益共同体与市场关系相结合的原则，达到产业化经营主体的整体目标与各参与主体的个人目标的最佳结合，并以章程形式加以规定和切实地兑现，这是生态农业产业化经营主体持续发展的重要条件。

4. 协调性原则

生态农业产业化经营主体的行为是群体性的，它不仅需要采取正确的决策，而且需要各个组成部分采取协调一致的决策。运用协调性原则的一个重要特点就在于，生态农业产业化组织的各参与主体在客观上要求有较强的技术或产销上的关联性。这样，一些参与主体就可以在组织协调中，发挥技术上和经济上的协同效应，节约成本费用，创造主体协同优势。

三　生态农业产业化经营的产业链

生态农业产业化经营主体是在生态农业生产经营的基础上形成的，因此，要研究生态农业产业化经营主体就必须了解生态农业的产业链。生态农业产业链主要包括生产、加工和销售三个环节，即生态农业生产、绿色工业加工和绿色商业销售。

1. 生态农业生产

生态农业产业化经营的生产环节就是生态农业的生产，即按照生态学原理和生态经济规律所进行的农业生产。从事生态农业生产，其首要任务就是要进行生态农业生产设计，遵循生态经济规律，运用现代科学技术手段对农业生态系统进行再构造，从而实现生态农业系统有序的结构、强大的功能、持续的效益和良好的环境目标。

2. 绿色工业加工

生态农业产业化的加工阶段，相当于工业企业的生产过程，当然，这个过程采取的是绿色工业的加工模式，即采用清洁生产方式对绿色农业产品进行加工的过程。清洁生产包括清洁的生产过程和清洁的产品两个方面的内容，即不仅要实现生产过程的无污染和少污染，而且生产出来的产品在使用和最终报废处理过程中也不对环境造成损害。在清洁生产的概念中不但含有技术上的可行性，还包括经济上的可赢利性，体现经济效益、环境效益和社会效益的统一。对生态农业产品进行绿色工业加工，就是要保持生态农产品的绿色产品性质，即通过绿色工业的加工，其产品对人体健康无害，加工过程又不带来环境污染。

3. 绿色商业销售

生态农业产业化经营的销售环节应是绿色商业的运作，可以说就是按照绿色营销观念所进行的绿色销售。所谓绿色营销，是指企业在营销活动中要体现"绿色"，即在营销中要注重对地球生态环境的保护，促进经济与生态的协调发展，为实现企业自身利益、消费者利益、社会利益以及生态环境利益的统一而对其产品定价、分销和促销进行策划与实施的过程。绿色销售策略包括绿色价格策略、绿色渠道策略、绿色促销策略等。

（1）绿色价格策略。价格是市场的敏感因素，定价是市场营销的重要策略，实施绿色营销不能不研究绿色产品价格的制定。一般来说，绿色产品在市场的投入期，生产成本会高于同类传统产品，因为绿色农产品成本中应计入产品环保的成本。其价格主要包括产品开发的研制经费、产品制造的工艺成本、绿色原料的资源成本，以及实施绿色营销而可能增加的管理成本和销售费用。

（2）绿色渠道策略。绿色营销渠道是绿色产品从生产者转移到消费者所经过的通道。企业实施绿色营销必须建立稳定的绿色营销渠道，其营销策略主要包括：一是增强中间商的绿色意识，建立与中间商恰当的利益关系，不断发现和选择热心的营销伙伴，逐步建立稳定的营销网络；二是注重营销渠道有关环节的工作，为了真正实施绿色营销，从绿色交通工具的选择、绿色仓库的建立，到绿色装卸、运输、贮存、管理办法的制订与实施，都要认真做好绿色营销渠道这一系列基础性工作；三是尽可能建立短渠道、宽渠道，减少渠道资源消耗，降低渠道费用。

（3）绿色促销策略。绿色促销是通过绿色促销媒体，传递绿色信息，指导绿色消费，启发引导消费者的绿色需求，最终促成购买行为。绿色促销手段主要包括以下几个。一是绿色广告。通过广告对产品的绿色功能定位，引导消费者理解并接受广告。在绿色农产品的市场投入期和成长期，通过大量的绿色广告，营造市场营销的绿色氛围，激发消费者购买绿色农产品的欲望。二是绿色推广。通过绿色营销人员的绿色推销和绿色营业推广，从销售现场到推销实地，直接向消费者宣传、推广产品绿色信息，讲解、示范产品的绿色功能，回答消费者绿色咨询，宣讲绿色营销的各种环境现状和发展趋势，激发消费者的消费欲望。同时，通过试用、馈赠、竞赛、优惠等策略，引导消费兴趣，促成购买者行为。三是绿色公关。通过企业的公关人员参与一系列公关活动，如发表文章、演讲、影视资料的播放、社交联谊、环保公益活动的参与、赞助等，广泛与社会公众接触，增强公众的绿色意识，树立企业的绿色形象，为绿色营销奠定广泛的社会基础，促进绿色营销业的快速发展。

第二节　国外农业产业化经营组织形式的
经验与启示

从国际上看，世界农业国家的生态农业产业化发展主要呈现两种不同的趋势。发达国家的生态农业产业化就是按照现代化大生产的要求，在纵向上实行产加销一体化，在横向上实行资金、技术、人才的集约经营，实现产业布局区域化、生产专业化、产品商品化、服务社会化。而发展中国家的生态农业产业化发展要在低农业投入水平的基础上保证农产品的供给，但同时又要避免对本国生态环境的破坏。农业产业化的组织形式表现为垂直纵向一体化和横向一体化。当然，由于各国的政治、经济、历史和自然条件不同，其生态农业产业化经营组织形式也各有特点。

一　主要国家农业产业化经营组织形式

1. 美国农业产业化经营组织形式

美国在发展现代化农业的过程中，十分注重土地、劳动力与资本这三项基本农业投入。农业资源的投入一般被概括为两大类：购买性资源的投入，如机械、化肥、农药、雇工等；非购买性资源的投入，如自有土地、家庭成员劳动力等。20 世纪 70 ~ 80 年代，美国农场的购买性资源的农业投入呈现不断增加的趋势，结果造成农场主的生产性支出增加，国家财政负担加重，而且严重污染了农业生态环境。从 20 世纪 90 年代开始，美国农业部提出了一种购买性资源低投入的绿色农业发展模式，通过尽可能减少化肥、农药等外部合成品的投入，围绕农业自然生产特性，利用和管理农业内部资源，保护和改善生态环境，降低成本，以求获得理想的收益。经过多年的绿色发展，美国目前的绿色农业产业化经营组织形式主要有三种类型。

（1）垂直一体化农业公司。这类公司把农工商置于一个企业的领导之下，组成农工商综合体。这种类型的企业发展历史比较短而且数量也不多，一般都是工商资本或金融资本直接投资兴办的规模比较大的产加销一条龙或工厂式的农业企业，其行为活动对美国生态农业的发展起到了非常重要的作用。这类企业一般资本集中度很高，大都有自己庞大的销售集团与网络，有些企业还直接与农场主签订合同，进行一定的生产研制活动。

（2）大企业或大公司与农场主通过合同建立农业和加工企业。这类企业的特点主要是农场和工商企业由不同的经营者独立经营，工商企业负责向农场主提供技术服务，供应农用物资，保证农产品的加工和销售；农场主则按合同向公司提供农产品。这种模式是美国普遍采用的形式，实质上是合同经营。一般由工商企业公司与农场主签订协作合同，将产加销联合成为一个有机整体，主要分布于养禽、牛奶、果蔬、甜菜加工等绿色农产品生产部门。

（3）农场主联合投资办的供应生产资料销售农产品的合作社。美国的农业合作社是农场主自愿组织起来的非营利组织，其经营目标不是获取合作社的利润最大化，而是为其社员服务，使社员从其生产的农产品中获取最大的收益。农场主合作化在美国的一体化农业服务体系中占有重要的地位。在家庭经营占绝对优势的美国，为了解决单个农场难以解决的问题，需要非营利的合作社提供各种服务，降低生产成本。合作社提供的服务主要包括销售和加工服务、供应服务、信贷服务等。

2. 日本农业产业化经营组织形式

日本的特点是人多地少，人均拥有资源相对较少，因此十分重视资源的合理利用和环境的有效保护。在日本，农业生产的资源被划分为两大类：农业外部资源，如人工光能、人工合成肥料、化学农药、雇工等；农业内部资源，如自然光能、天然降水、自有资金与自我管理等。20世纪70~80年代，日本在现代化农业的发展过程中，外部资源的投入呈不断扩大的趋势，而内部资源的投入则呈逐年缩小的趋势。这种发展趋势使农业资源和生态环境日益恶化。因此，日本积极探索以合理利用资源和保护环境为基础的农业持续发展道路。日本实施的"自然农业"模式基本思路是：农作物的栽培，建立在不施用化肥、农药、其他化学制品与人粪尿而只用落叶枯草为原料制作的堆肥基础上，其基本特点是利用土地本身的生产力来提高土壤肥力。

（1）以工商业资本为主体的垂直一体化经营模式。这种模式有两种类型。一是直营型，即由大工商企业通过购买土地，建立大型的养猪场、养鸡场、农产品加工厂和植物工厂，利用农业科技成果进行产业化经营。由于日本地价很高，这种以资本和技术密集为主的农业产业化经营模式，往往是选择受土地条件约束较小的养殖业和植物工厂来实施。二是委托型，即以一些大工商企业为龙头，通过合同、契约等形式，委托农场或农户进行生产经营。

（2）以农协为主的平行一体化经营模式。这是日本普遍推行的一种生态农业产业化经营模式，日本的农场分为综合农场和专业农场。综合农场是地区性的，按地域内组合成员的需要开展全面而广泛的服务；专业农场一般是由从事同一专业生产的农户成员组成，它主要从事本专业的服务项目。

在日本的农业产业化经营过程中，采用农协组织形式同广大农民建立起各种形式的经济与社会联系。这种模式在很大程度上影响了日本的农业生产、农业金融、农产品加工、农产品销售、工业品供应以及农民的生活，同时也影响着日本的农村经济活动。

3. 澳大利亚农业产业化经营组织形式

澳大利亚是世界上绿色农业面积最大的国家，有2400家农场从事生态农业生产，经营面积为1050万公顷，占世界绿色农业面积的50%，每年生产的绿色农产品总产值达到了35亿美元。澳大利亚的生态农业发展如此良好，除得益于得天独厚的自然条件外，主要是因为建立了一套高效率的产加销一体化的经营体制。这种体制的突出特点是由分工详细的行业协会组织销售体系。

澳大利亚的绿色农业合作组织是非正式的行业合作协会。它们登记为股份公司或非营利的社团，实质上它们均具有一般行业合作协会的性质，例如：民主的决策原则；对成员及公众提供教育机会；与其他绿色农业合作组织互助互利；等等。不过会员们都拥有各自的土地、农场等固定资产。在利润分配上，股份制的合作组织依照股份多少进行利润分配。与其他国家不同的是，澳大利亚的绿色农业合作组织有各种不同的形式，如有依地理区域自然环境而组成的，有依畜养品种而组成的，也有依产品加工而集资组成的。此外，少数合作组织也有贸易商或加工厂商参加。

4. 印度农业产业化经营组织形式

印度政府于1986年颁布了"环境保护法"，将"绿色农业"落实到使用生物肥料、农药、洁净能源等具体的措施上，1992 年，针对严重的生态环境问题，又提出了《印度绿色农业发展的途径报告》。其基本内涵是：持续发展包括生态、经济、社会与文化等多个领域，各领域都必须同环境有机结合起来，既适合当地的特点，又能持续不断地发展。这是一条以减轻资源承载力为前提的成本低、能效高和生态环境优良的绿色农业发展道路。印度目前正在实行"合理利用资源、保持生态平衡、求生存与探发展"的绿色农业发展模式。

综上所述，世界生态农业发展模式主要有两种：发达国家模式和发展中国家模式。发达国家模式以美国、日本为代表，它们所选择的模式都能从本国国情出发并与本国生态和资源组合特点紧密联系。美国的低投入模式，实际是一种在生态系统中弱化人的主动性而强化自然能动性的模式，这与其强大的现代化生产系统和充足的生态资源供给有关。日本在农业生态环境极其恶劣的条件下，采取生态效益优先，有时甚至不惜牺牲农业经济效益来追求生态环境的做法。发展中国家模式则以印度为代表，它采取了与发达国家大相径庭的路径。印度农业投入水平相当低，经营比较粗放，经营规模小，人均劳动生产率只有发达国家的五分之一，因此，农业的重点仍在于增长和发展。但在发展过程中，为避免重走西方"石油农业"的老路，印度在注重发展的同时，也注重生态环境的保护，从而形成了具有本国特色的绿色农业发展模式。

二　国外农业产业化经营组织形式对中国的启示

世界上主要农业国家农业产业化经营形式的成功经验，对我国生态农业产业化经营有着很大的借鉴作用。

1. 生态农业产业化是市场经济不断发展的必然结果

发达国家的生态农业产业化完全是建立在上百年的市场经济发展基础之上的。我国生态农业产业化经营的产生和发展也不例外，也是传统农业产业随时间推移不断分化和集中，生产要素在农业和农业关联产业之间不断流动和重新组合、农村劳动分工逐步深化、新兴产业潜在发育的必然产物，更是诱致性制度变迁和市场经济发展的必然选择，有其自然发展的规律性，所以产业化发展急不得，更不能拔苗助长。

2. 必须立足农村发展生态农业产业化

农村是生态农业产业化发展的基础平台，所以世界各国在生态农业产业化发展过程中，都尽可能把农业的产前、产后部门建在农村，在村镇建立一体化组织或合作社。这样做的好处是可以近距离地组织、培养、示范和带动农民，促进产、供、销更加协调地发展，有利于生态农业生产的科学化、标准化和商品化，也非常有利于农村文明与城市文明的顺利对接，促进新农村城镇化发展。

3. 以农业生产结构的调整带动生态农业产业化

农业生产结构的市场导向性调整，促进了生产资源与投入要素的分化和集中，并最终形成专业化分工和集约化经营。例如，在市场需求拉动下，西方发达国家都强调建立以畜牧业特别是奶牛饲养业为主的生产结构，饲养业的产业关联效应较强，有力地带动了种植业和绿色食品加工业的发展，并使绿色食品加工业分化成为绿色农业产业化中一个非常重要的行业。

4. 政府应当积极引导生态农业产业化的发展

不管是发达国家，还是发展中国家的农业供给侧结构性改革的经验都表明，政府虽然不能代替市场，但作用仍然是非常巨大的。一是它可以通过政策制定和鼓励民间剩余资本，特别是城市剩余资本投资农业和农村，发展生态农业产业化经营；二是通过制定法规，加速农业土地集中，为农业专业化、规模化生产，产业化发展奠定基础；三是积极引导和鼓励发展各种形式的农民合作组织，并给予各种政策优惠，促进其发展壮大；四是通过税收优惠政策，促进生态农业产业化发展。在许多发达国家，家庭农场加盟一体化的公司，一般可以得到公司在社会安全失业保险等方面的税收减免；五是重视农业教育、科研和推广工作，为生态农业产业化持续发展奠定良好的基础。

5. 以法律法规的形式保护生态农业产业化的可持续发展

无论是供给侧结构性改革，还是需求侧结构的改善，都离不开法律法规的保护。许多国家都以法律法规为依据，制定了相应的有序运营的规章和保护措施，来规范和促进农业产业化经营的可持续发展。例如，普遍实行稳定的契约关系，按保护价收购农场或农户的原料，农场或农户以低于市场价格从"龙头"企业得到生产资料和系列服务，建立市场风险防范基金，等等。

第三节　中国新型农业经营主体培育创新

从农业产业化供给侧结构性改革来看，主要从新型农业经营主体培育创新的目标、影响因素、行为方式、障碍因素、对策建议等方面进行分析。

一　新型农业经营主体培育创新的目标

1. 合理的经济效益目标

新型农业经营主体，不管以什么形式存在，都是要合理地组织各种生产要素，使资源和市场有效配置，实现合理的经济效益。当某种新型农业经营主体不能实现其合理的经济效益目标时，必须进行创新，以达到资源和市场配置合理化。新型农业经营主体创新的目标主要体现在：赢利能力的提高；资源的合理利用，短期利润最大化和长期价值的增长；通过市场细分扩大市场份额；产品创新，劳动生产率的提高。

2. 良好的农业生产环境目标

生态农业产业化经营是经济再生产和自然再生产相交织的过程。要使农业自然再生产持续下去，必须重视农业生产的生态质量、环境质量。在我国，改善农业生态环境质量的任务极其艰巨，随着全球气候变化和人类活动影响的加剧，我国在江河治理、防洪减灾、水资源开发利用、生态环境保护等方面都面临着泥沙问题的严重挑战，我国水土流失面积达 356.92 万平方公里，年平均土壤侵蚀量高达 45 亿吨，损失耕地约 6.67 万公顷。侵蚀的泥沙造成河床持续抬高，每年淤损水库库容近 1%。水土流失导致全国 8 万多座水库年均淤积泥沙 16.24 亿立方米，洞庭湖年均淤积泥沙 0.98 亿立方米。[1] 在农业生产过程中，也存在森林过伐、草原过牧、水面过度捕捞、土地过度垦殖、掠夺式经营、只用不养，以及大量使用化学物品等问题，农业生态系统遭到破坏。因此，新型农业经营主体培育创新应自觉地

---

[1]　严立冬、邓远建等：《绿色农业产业化经营论》，人民出版社，2009，第 211 页。

维护和改善农业生态环境，在努力提高农业经济效益的同时，有效地利用农业生态系统中的物质和能量循环，以满足人们对农产品不断增长的需要，提高人们的生活质量。

3. 良好的社会效益目标

新型农业经营主体培育创新的社会效益目标是帮助全体农民走上共同富裕的道路，这也是社会主义的本质所决定的。在实现共同富裕的途径上可根据社会经济发展水平，特别是农业生产力状况和市场状况确定生态农业产业化经营组织内部的人力、资本、技术、管理和组织方式，以带动农村经济的快速发展，实现农民共同富裕。

4. 生态农业可持续发展目标

可持续发展是生态农业新型农业经营主体培育创新的最终目标。可持续发展战略特别关注各种经济生活的生态合理性、决策自主性和社会平等性，强调对环境保护行为的鼓励和对群众社会参与的支持。农业可持续发展战略，在于可持续提高农业综合生产能力以保障农产品有效供给，在增加外部能量物质投入的前提下，消除资源过度消耗和环境恶化加剧的现实和潜在威胁，要把农业生产的稳定增长建立在资源再生产能力的基础上，把资源开发利用决策建立在生态保护的基础上，作为农业系统中的各微观产业组织，应在充分保护生态环境的条件下从事农业生产，实现农业的可持续发展。

二　新型农业经营主体培育创新的影响因素

对于新型农业经营主体培育创新，应依据不同地区的绿色农产品和生态农业产业的特点，通过产业链条的延伸，形成产加销、贸工农一体化经营的体系。在具体进行创新的时候，还面临诸多影响因素。

1. 观念因素

必须牢固树立市场观念，面向国内和国际两个市场，考虑不同区域和不同消费层次的市场需求，做好市场调查，制订新型农业经营主体培育创新发展规划。在资源条件相同或相近的地区，积极发展主导产业和经营组织模式，逐步形成各具特色的生态农业产业带，根据绿色产业带的资源条件、生产要素结构以及社会经济环境选择与之相适应的经营组织模式。

2. 主体因素

根据参与生态农业产业化组织的经营主体和利益主体，在产业组织结构中的不同地位，选择不同的经营组织模式。绿色农业经营主体和利益主体呈多元化，它们的相对地位和作用是不一样的。家庭农场（农户）作为生态农业产业组织系统的第一车间，发挥生态农业生产基地的作用，加工企业公司起着生产与市场联结的桥梁作用，各种专业合作社提供各种专业服务，行业协会提供各种专业技术服务，并代表农户参与政府宏观决策，提供市场信息，协调市场价格和行业管理。经营主体在各地的发展状况不同，决定了主体在生态农业产业化组织机构中的地位不同，从而形成不同类型的经营组织模式。

3. 政策因素

政府支持和立法是生态农业产业化经营组织形式得以生存与发展的促进因素和保证条件。生态农业产业化经营组织模式能否得以长期生存和发展，很大程度上与政府的政策导向和立法体系有着直接关系。一般而言，当政府对某种经营主体采取扶持政策或参与政策时，该经营主体牵头的生态农业产业化经营组织模式会正常发展。可见，政府政策与立法是经营组织模式生存和发展的保证条件。

4. 客观条件

新型农业经营主体培育创新，必须与当地的生产力发展水平相适应，各地的生态农业产业化经营组织模式各有特点，不可能一蹴而就。因此，在具体工作中，既要积极，也要稳妥。必须坚持尊重农民首创精神和自愿选择的原则，必须坚持从实际出发、因地制宜的原则，必须坚持以改革促发展的原则，必须坚持大胆实践与积极引导相结合的原则。

三　新型农业经营主体培育创新的行为方式

在经营组织模式上，我国的新型农业经营主体培育和国际上的农业组织模式是基本相同的。但我国生态农业产业化经营也在发展进程中有自己的特色及组织模式，各地资源结构不同，生产水平、技术水平和社会发育程度不同，致使各地新型农业经营主体培育呈现多样化的具体模式。总体可分为小农生产和大农经营两大类型。小农生产是指在家庭承包制基础上的以农户一家一户经营为主的农业生产方式；大农经营则是指以企业或家庭农场为单位，且具有较大资本规模的经营组织开展的经营活动。对这种组织模式的创新，从产业链和生产要素的结合上看，又可细分为三种组织模式：契约一体化组织模式、纵向一体化组织模式、横向一体化组织模式。

1. 契约一体化组织模式

契约一体化组织模式是指参与生态农业产业化经营的各市场主体或生产经营主体，以合同契约作为制度和法律保证，界定双方之间的利益分配关系及责任风险承担，按照相互签订的合同契约承担各自的责权利，而建立起来的关系较紧密的经营组织。各生产经营主体根据生态农业产业化经营的关联需要，彼此间签订合同，规定农产品的生产品种、数量、规格、质量、供货时间、价格水平以及生产的技术服务等，确立契约各方相应的权利和责任关系。这种组织形式通过合同契约，把参与绿色农业产业化经营的各市场主体或生产经营主体联结成一个整体，整体中的成员仅在合同契约规定的内容上达成共识，结成利益共同体，而在合同以外的领域，则各自完全独立，相互不干涉。

这种模式的长处主要在于企业与农户两者之间，通过签订的合同契约降低了农户生产经营的不确定性，减小了农产品交易的市场风险，同时也解决了农产品难卖的问题。企业通过这种契约关系稳定了农产品的来源，有效地解决了农产品难卖的问题。企业通过这种契约关系稳定了农产品的来源，有效地消除了企业管理的诸多弊端，从而降低了企业的经营管理费用。但契约一体化模式也存在不足，当前主要体现在它容易导致生态农业产业化经营合同附和化的问题，即合同内容由一方当事人（通常是企业）确定，而他方当事人（农户）由于不具备同等的谈判地位，对合同内容只能表示同意或不同意，这很可能使一方当事人受到不平等对待，导致其利益受损。由于还缺乏健全有效的法律监督机制，生态农业产业化经营的合同契约往往得不到严格履行，废约行为时有发生，严重制约了这种模式的发展及其作用的充分发挥。这种模式包括两种表现形式。

（1）"公司＋基地＋农户"的生态农业产业化组织模式。"公司＋基地＋农户"的生态农业产业化组织模式，又称"龙头企业带动型"。它是以较强的有辐射带动能力的公司、加工企业等各类经济实体为龙头，带动绿色农业企业、绿色农业生产基地和区域绿色农业经济的发展，提高农业综合比较效益，即以工业带动农业，围绕工业办农业，实现以工保农、以工带农的一种经营组织模式。这种组织模式是以公司或集团企业为主导，以农产品加工、运营为龙头，以基地为原料生产的"第一车间"，重点围绕一种或几种产品的生产、销售，与生产基地和农户实行有机的联合，进行一体化经营，形成"风险共担、利益共享"的经济共同体。这种形式在种植业、养殖业，特别是外向型创汇农业中最为流行，各地都有比较普遍的发展。实践证明，龙头企业带动型的组织形式能形成产前的生产资料供应、产中的技术指导和产后储备、加工、销售一体化经营与服务格局，能更好地协调供应、生产、加工、销售之间的关系，加长产业链，解决小生产与大市场的矛盾。

在"公司＋基地＋农户"的组织模式中，公司强化农业资源开发，增加产出，并使其增值，统一组织运销，起到连接市场的桥梁作用，这种组织模式尤其适合在市场风险大、技术水平高、分工细、专业化程度高，以及资金技术密集型的生产领域中发展。同时，这种类型对公司各方面的要求较高，它应以充足的资金为基础、以先进的高新技术为先导，具有较高的管理能力，从而实现产品的高技术含量、高产出率、高附加值和较高的市场占有率。

（2）"专业市场＋农户"的产业化组织模式。"专业市场＋农户"的产业化组织模式是指以各类专业市场为载体，通过技术服务和交易服务的形式，让农户与市场进行直接沟通，将农户纳入市场体系，促使绿色农产品直接进入市场，提高农户经营生产的积极性，从而推进绿色农业产业化经营的一种模式。在这种模式下，农户的生产以及绿色农产品销售，由市场这个"看不见的手"进行调控，即农户与产品销售组织之间存在一个稳定的隐性契约，农户可以快捷地接受市场信息，灵敏地做出生产反应，根据市场需求组织农业生产，能较快地形成区域性专业化生产。专业市场作为一个市场组织，具有较强的价格发现功能，是信息交流中心和价格形成中心，市场容量巨大。一个专业市场能带动一个支柱产业，一个支柱产业可以带动千家万户，从而更好地促进专业化、区域化绿色农业的发展。

（3）订单农业组织模式的演进。我国订单农业最早可追溯到20世纪80年代初，一些企业效仿正大集团的做法，与农户通过签订契约来明确双方的权利和义务，建立彼此之间长期的经济合作关系，以保障双方的经济利益。但是由于我国订单农业仍然处于探索阶段，很多方面都不完善，从初步形成到逐渐成熟的过程中经历了三种组织模式的演进。一是初级形式的"龙头企业＋农户"。订单农业这一组织形式在保持农户作为农业基本生产组织单元的同时，通过发挥龙头企业优势开展部分农产品的加工、销售等，联接了农户与市场，解决了单个农户入市面临的高额交易费用问题，一定程度上缓解了"小农户与大市场"的矛盾。然而，随着订单农业的不断发展，现实中这种合作模式并不稳定，合同违约率较高，尤其是由于分散经营的农户提供的农产品质量不一又影响了龙头企业的生产经营，"龙头企业＋农户"组织模式受到制约。二是"龙头企业＋基地＋农户"的组织模式演进。在这种模式下，由于基地农户经营相对集中，龙头企业与农户之间联系相对紧密，龙头企业为一般基地农户统一提供种子、肥料、生产技术、培训等，有效地保证了农产品质量达到企业的要求。此时，农产品价格改革进一步推进，第二阶段改革（1985～1991年）的指导方针是"调放结合、以放为主"，基本内容是对于关系国计民生的重要农产品，如粮食、棉花等，价格调整仍然由国家直接掌握，计划外的部分主要实行市场调节，构成了我国农产品价格改革特定时期的价格"双轨制"。同时，对水果、水产等农产品实行完全放开的价格管理体制，使我国农产品价格更合理。然而，放开农产品的价格和双轨价格中的市场轨价格经常发生大幅度波动，订单农业中农户利益难以得到有效保障。"龙头企业＋基地＋农户"模式仍然没能有效地解决契约约束与协调的有效性、合同履约率等问题。三是"龙头企业＋合作社＋农户"的演进。这一模式中，合作社作为中介组织具有重要作用，通过合作社提高了农户的组织化程度，一定程度上解决了订单双方地位不平等带来的问题。通过合作社能够使单个农户的行为处于合作社其他成员的观察之下，一定程度上减少了机会主义行为的发生。一些实证研究也表明，合作社的成功得益于在合作社范围内成员相互间的了解和信任。因此"龙头企业＋合作社＋农户"在提升履约率方面具有一定的组织优势，并逐步成为订单农业的主导形式。同时，随着社会主义市场经济理论的正式提出，农产品价格改革进入第三个阶段（1992 年至今），基本内容是实现农产品价格形成机制的根本转变，农产品价格全面走向市场轨道。市场机制在价格形成中起着主要的作用，为真正发挥价格的资源配置作用创造了良好的条件。然而，"龙头企业 + 合作社 + 农户"的模式仍然存在价格风险难以转移、信息不对称和履约方面的制度缺陷，需要企业和农户在实际运行中逐渐解决。

（4）订单农业中价格机制的类型及其对应的风险分析。在订单农业中价格机制是一个不能被忽略的问题。一方面，价格机制是影响农户参与订单农业的重要因素。在单个农户难以掌握全部市场信息的情况下，农户在市场上总会面临农产品"买难卖难""粮贱伤农""棉贱伤农"等困境。同时单个农户独立入市又会产生较高的交易费用，难以保障农户收益。为规避价格波动风险，使农产品卖到一个好价钱，获得相对稳定的收益，农户获得订单农业是其最理性的选择。另一方面，价格机制是影响合同履行的关键因素。订单中农产品交易价格是涉及交易双方利益分配的核心问题，采用不同的价格机制，对交易双方的利益就会产生不同的影响，进而带来不同的违约风险。

现实中，根据对农产品定价方式的不同，订单农业价格机制及其面临的风险一般可分为以下三种类型。

一是"固定定价"价格机制。一般是按"成本 + 利润"或近几年该农产品平均市场价格来确定一个固定价格作为农产品交易价格的定价机制，当农产品交付时，交易双方即按照这一事先规定的固定价格完成农产品交易。选择"固定定价"价格机制，其存在的风险是缺乏有效的价格发现机制。在农产品生产过程中存在许多人力难以控制的自然变数（如天气等）和经济变数，农产品价格波动一般较为普遍与明显，因此，要在签订契约之初就准确地预测未来农产品价格基本上是不可能的，而事先规定的"固定价格"一旦不合理，显然就会增加违约的风险。农产品交付时，一旦市场价格与固定价格偏差较大，交易双方也会面临较高的违约风险。具体来说，当市场价格高于双方在契约中设定的固定价格时，农户就存在把农产品转销给市场的强烈动机；相反，当市场价格低于固定价格时，龙头企业则更倾向于违约而从市场上进行收购。显然，在这种价格机制下，违约几乎是必然的。

二是"随行就市"价格机制。一般是在订单中不事先设置交易价格，而在农产品交付时，交易双方按照农产品交付时的市场价格来进行定价的一种机制。选择"随行就市"价格机制，一定程度上解决了农产品"卖难"问题，确实可以提高履约率，对农业生产有一定的促进作用。但这一价格机制存在的风险在于：由于龙头企业与农户间的交易本质上是一种纯粹的外部市场交易行为，其与龙头企业直接从市场收购农产品或农户直接将农产品销往市场几乎没什么差别，这意味着龙头企业和农户的关系既不稳定，也不需要对对方负责。显然，这一模式与是否签订订单没有实质性差别，自然也就降低了订单农业的作用。

三是"保底收购，随行就市"价格机制。在订单中事先确定一个保底价格，然后采取保底价格加随行就市的收购方式，即在农产品交付时，当市场价格高于保底价格时，龙头企业就按市场价格收购，而当市场价格低于保底价格时，就按保底价格收购的一种价格机制。选择"保底收购，随行就市"价格机制，降低了农户面临的市场风险，有利于提高农户的履约率。这一价格机制存在的风险是：农产品价格变动风险只是在交易双方之间进行再分配，即将本来应由龙头企业与农户共同承担的风险转移到由龙头企业一方来承担。然而，当市场价格跌幅较大时，龙头企业作为"经济人"如果没有获得相应的政策性补贴，实践中也是难以实施或不可持续的。

可见，上述三种价格机制都未能很好地从根本上解决价格波动、风险转移等关键问题。由此，可以说现实中违约率高的一个重要原因就是价格变动风险无法在更大范围转移，仅通过组织形式的演进是无法解决由农产品价格的波动而带来的违约问题的。调查结果显示，高达30.7%的农户没有履行合同，对农户违约的主要原因进行调查，78.4%的认为是价格方面的原因，实证结果也说明，价格机制是影响农户履约的关键因素。

2. 纵向一体化组织模式

纵向一体化组织模式是农业生产者同其产前、产中和产后部门中的相关企业在经济上和组织上结为一体，按照合约实现某种形式的联合与协作。这种组织经营模式把绿色农产品的生产、加工、销售各阶段集中到一个经营实体内，实行企业化运作、一体化经营，因此，也可称为企业组织模式。

从产业链和企业经营性质等方面来考虑，纵向一体化组织模式主要有以下几种具体类型。

（1）"股份合作企业＋农户"组织模式。在这种组织模式下，农户直接以资金入股的方式设立股份合作企业，公司内设技术服务、原材料采购、产品销售等部门，为农户从事专业化生产提供系列的服务。该组织模式能较好地克服企业与农户之间在利益上的矛盾，可以使农户大大降低专业化生产中各个环节的交易费用，有利于促进生态农业绿色发展。这种组织形式目前仅在湖南等生态农业产业化程度较高的地方存在。就其成功的案例来看，其主要形式是：人公司、人企业直接对农业进行投资，建立自己的相对独立的农产品原料生产基地，不仅从事绿色农产品生产，而且从事生态农业生产资料生产和供应、农产品的加工和销售以及有关的农业科学研究等活动。生态农业产业化经营的各环节，分别由同一个企业的不同部门来完成，部门与部门之间实行企业内部核算制度；农户以承包土地的经营权参股农业产业化公司，农民同时成为公司的职工，公司将小块土地连成片后划分为不同的种植区，再交由农民在专家指导下承包种植。

（2）承租反包形式。承租反包是一种将农户的土地经营权与农户相分离，从而达到规模化、产业化经营目的的特殊组织形式。农业经营组织与农户签订土地承租合同取得土地经营权，并按照土地质量和基础条件支付农户的承包费，然后将所承租的土地集中起来，统一规划，雇用农户统一经营。在该模式下农户的承包权和经营权相分离，农户既可作为股东，每年通过土地经营权的出租收取相应的租金，又可成为生态农业经营组织的雇佣工人，按劳取酬。该模式有利于农户所承包土地的合理流转，在促进农业的专业化经营和农业土地的适度规模经营的基础上，能较大幅度地提高绿色农业的技术投入水平和绿色农业市场化程度。

3. 横向一体化组织模式

横向一体化组织模式，是生态农业产业化经营实践中的又一新的组织模式。它是指农户根据合作社原则自愿组成各种类型的经济组织，由全体成员共同完成从生产资料供应到农业生产再到农产品销售这一产业化经营过程。通过合作服务组织为农户专业化经营提供产前、产中、产后的社会化服务，降低农户面临产品与要素两种市场交易费用的风险。

生态农业的横向一体化经营，把千百万分散的小规模农户在家庭经营的基础上直接组织起来，以"集团军"的形式共同进入市场，同时又保证了各农业生产者的生产经营独立性。这种经营组织内的会员在利益关系上是高度一致的。

该模式的优点在于它是农民自发组织起来的合作组织，代表着广大会员的利益，能够通过适当的合作把农户与市场连接起来，起到了关键的纽带作用。同时，这些合作组织还能够提高农户在面对外部市场时的谈判地位，有利于形成农户的自我保护机制。实践证明，以横向一体化的组织形式发展生态农业产业化经营，可以提高生态农业的市场集中度和规模效应，改变生态农业的市场结构，提高农民同工商企业的协商能力和与政府的对话能力，从而达到使生态农业以平等的贸易伙伴身份与非绿色农业进行公平竞争的目的。

4. 中国特色家庭农场时代特征的表现形式

农户家庭经营、农业收入为主、市场主体资质、现代化生产经营是中国特色家庭农场的主要时代特征，预示着其较以往小规模家庭经营具有更高的生产效率、更优的生产效益，并更能满足生产者、消费者以及整个社会的利益诉求，即追求更加卓越的经营、财务和社会绩效，这是中国特色家庭农场时代特征的集中表现。

一是特色家庭农场的经营绩效。相较传统农业生产经营，中国特色家庭农场具备明显的现代化特征，市场竞争和商品意识促进了劳动生产率、土地产出率和农资利用率的提高。劳动生产率为劳动者生产的农产品数量或产值，反映了家庭农场的人力资本效能；土地产出率为单位土地产出的农产品数量或产值，反映了土地的利用深度和生产能力；农资利用率为一定农资投入水平下的农产品数量或产值，体现了资源配置和技术效率，反映了科学种养和田间管理的精细化程度，是集约化的重要体现。

二是特色家庭农场的财务绩效。相比传统农业生产经营，中国特色家庭农场更加适应现代市场环境，更能提供适销对路、绿色安全的农产品，具备更好的运营能力、收益能力和成长能力。运营能力为市场环境约束下，通过生态资源要素有效配置和资源高效利用，实现产能提高和收入提升的能力，由营业收入与资产总额的比值测算。该能力的提高有利于保障社会责任履行的条件和动力，满足利益相关者诉求，保障市场主体地位。收益能力为现有专用性资产投资水平下，通过出售适销对路的农产品实现盈利的能力，由营业利润与营业成本或资产总额的比值测算。该能力的提高有利于实现专用性资产价值，提升惠农资金成效，为生态农业绿色发展提供物质保障。成长能力为通过要素适度集中和倾斜，在边际收入非负区间进行适度规模农业生产的能力，由营业收入增长率和营业成本增长率的差值测算。成长能力越高，农业收入增速与成本费用增速差距越大。

三是特色家庭农场的社会绩效。特色家庭农场需要提高生态农产品商品率、生态农产品合格率、农户人均收入以及自有资本比率，满足消费者、生态环境、农民与政府的利益诉求。商品率是指用于市场交易的农产品产值与总产值的对应关系。商品率提高对农民增收、农民脱贫致富具有积极作用。合格率是指在一定认证标准下检测合格农产品的比重。合格率的提高有利于控制有害致病生物和农化产品残留进入农产品流通领域，进而保障消费者健康和财产安全。人均收入是指农场收入与实际务农人数的比值。能否有效实现农民增收，解决农民就业，是判断制度安排和惠农政策效能的落脚点和风向标。自有资本比率是指家庭成员出资与资产总额的对应关系。这反映了资产结构和成长后劲，体现了其通过自主经营，实现自我积累和发展的能力，自有资本比率提升是实现农业规模化生产经营的必然要求，也是衡量其对农民社会责任履行的重要标准。

四 新型农业经营主体培育创新的障碍因素

我国对于绿色农业产业化经营的研究始于20世纪80年代末，经过二十多年的发展演进，虽然取得了阶段性的成果，但与发达国家相比，我国的生态农业目前仍然处在发展的初级阶段，生态农业产业化经营的运行机制还不尽完善，组织体系也不够健全和稳定。尽管在这个过程中，形成了多种生态农业产业化经营组织形式，丰富了农户与市场的选择，但其中仍然存在不少问题。

1. 契约一体化组织模式中存在的主要问题

（1）企业和农户都有违约的意愿。其原因在于企业与农户都是独立的市场主体，按照有限理性经济人的假说，双方都追求各自利益的最大化，从而会产生违约的意愿。一旦农产品市场价格出现较大的波动，企业与农户之间的订单往往就难以落实。

（2）合同本身并不规范。企业与农户的地位不平等，容易造成合同中存在"霸王条款"。有的合同没有明确龙头企业和农户作为签约双方的权、责、利以及违约的处罚办法；有的合同只是表述龙头企业对农户的要求、约束和违约处罚，而对龙头企业没有任何约束条款；有的合同，就像计划经济时代的"订单""任务通知书"，没有体现平等互利原则。

2. 纵向一体化组织形式中存在的主要问题

纵向一体化是农业产业化经营的最高级组织形式，它能有效地节约交易费用，独享规模经济带来的成本最低和收益最高的好处，并且拥有完善的分销网络和先进的营销手段，易于灵活进出市场，抵御市场风险能力强。但这种组织形式也存在自己的不足，主要表现在：内部组织管理成本高，经营绩效很大程度上取决于管理效率；投资规模取决于农业投资利润率、农业生产内部资本积累和生产集中化程度。目前，出于资金缺乏、农业比较效益低以及农村土地等要素市场发育比较缓慢、土地流转不太规范等原因，这种产业化组织形式在我国还很少见，仅仅存在于一些上市公司。但随着农业供给侧结构性改革的不断深入，这种生态农业产业化经营组织形式将得到迅速发展。

3. 横向一体化经营组织模式中存在的主要问题

在横向一体化组织形式下形成的合作服务组织，组建成本高、形成合作的过程较慢，并且该组织内部有完善的管理监督机制以及较好的利益调节机制，否则就很难发挥其在生态农业产业化经营中的作用。从我国的实践经验来看，当前大多数合作组织规模较小、实力不强、自有资金不足，又缺乏抵押性资产，难以获得必要的商业资信，在拓展市场和占领市场上难以获得较好的效果。合作组织运作过程中的管理监督成本较高，如果单个农户分摊的管理费用高于市场交易费用，农户就会放弃合作。

五　新型农业经营主体培育创新的对策建议

1. 因地制宜选择不同的经营组织模式

我国是一个地域辽阔、农业生产力发展极不平衡的国家，因此，生态农业产业化经营组织形式的选择，在坚持有利于发展农业生产、提高农民收入原则的基础上，不宜拘泥于一种模式，应当根据当地资源、农业生产的特点、生产力发展水平及农民的素质等，选择适合当地发展的模式。

（1）生态农业产业化处于起步阶段的地区。在此类地区应该以发展契约一体化组织模式为主。在产业化初始阶段，体制转轨和经营机制的转换是我国农业的中心任务，其关键是广大农户的经营决策和经营行为要由以计划为导向转变为以市场为导向，按照市场需求组织生产经营活动。在这一阶段，农户迫切需要的是一个能引导其生产、帮助其销售从而避免市场风险的组织。契约一体化组织形式通过合同使龙头企业充当市场的载体或媒介，实行贸工农一体化经营，降低了农户生产经营的不确定性，在一定程度上也降低了农户的信息成本和市场的交易风险。

（2）生态农业产业化处于发展阶段的地区。横向一体化经营组织形式更适合于在这类地区开展。在契约一体化组织形式下，龙头企业与农户签订有效合同，一定程度上保护了农民的利益，提高了农民的收益。但这种模式也有其自身的缺陷。首先，利益分享机制不健全。由于龙头企业和农户是两个完全独立的利益主体，双方必然追求各自利益的最大化，而农户在经营上虽具有了组织性，但仍然是分散的利益主体，处于相对弱势的地位，无法维护自己的合法利益。其次，风险分担机制不健全。由于农业独特的性质，农户不仅面临着千变万化的市场风险，而且面临着自然风险，在大多数契约一体化组织形式里，这一风险只有由农户来承担。最后，在契约型组织里，公司与农户之间易出现相互机会主义动机。由于龙头企业与农户之间缺乏有效的利益联结机制与风险制约机制，当市场价格高于双方合同规定的价格时，农户就会产生违约动机。反之，龙头企业也会做出同样的反应。以上缺陷使得契约型组织形式具有内在脆弱性，公司与农户的联合处于不稳定状态。

农业合作社也可以通过在自己组织内部发展龙头企业来实现产业化经营。作为龙头企业的合作社，能够使社员共享大型农用生产资料，采用农业科技成果，提高农产品的科技含量，从而提高农业生产率和农产品附加值，形成产品的市场竞争优势。许多合作社还积累资金，帮助农民应对意想不到的自然灾害，使农业面临的自然风险大大降低。另外，合作社这一组织的成立，培育了农民的营销能力和合作精神，增强了农民的民主意识与参与意识，提高了农民自我组织、自我服务、自我管理、自我教育的能力，为生态农业产业化向高级阶段发展提供了高素质主体。

（3）生态农业产业化发展到高级阶段。纵向一体化经营组织模式是生态农业产业化发展到高级阶段的必然选择。一方面，无论是契约型组织形式还是合作社充当中介作用的组织形式，农户都处于利益分享地位。龙头企业一次性买断产品，农民根本不知道自己的产品被买走后的命运和用途，更无法去获得产品加工后带来的利润，农民的利益仍然无法得到充分的保护。但在纵向一体化组织形式中，农户作为企业的职工，始终作为农产品的所有者，以农产品原料和加工品所有者的身份两次实现价值，获得了较高的利润回报。另一方面，将农户纳入企业生产经营中，能够更有效地节约交易费用，降低成本。企业经营不仅能够独享规模经济带来的成本最低和收益最高的好处，而且由于其资本程度较高，容易取得垄断利润，其完善的分销网络和先进的营销手段易于灵活进出市场，抵御市场风险能力较强。

2. 积极推进农业合作组织的发展

（1）多种合作组织形式共同发展。鉴于我国经济发展水平的多层次性，各地应因地制宜地发展不同形式的农业合作经济组织，在较落后的农村地区，以旧体制下产生的农业供销合作社、农业信用合作社以及传统的区域农业合作组织为主；而在经济较发达的东部和中部农村地区，专业性及股份制农业合作组织发展较快，效果也较为显著。由于我国农村经济发展的区域性差距较大，这种多种形式的农业合作经济组织并存的现象将长期存在，这种现象在我国是正常的，是适合我国国情和地情的，应对不同的组织形式，给予鼓励和支持。

（2）向股份制方向发展。在市场经济条件下，农业合作经济组织逐步向股份制方向发展，合作领域主要是在农产品的流通、加工、储存环节。股份制农业合作经济组织在承认个人产权的基础上，使个人资金变成联合资本，个人支配和决策变成共同支配和决策，个人享受好处和承担风险变成利益共享和风险共担。股份制农业合作经济组织的最大特点是"财产共有、产权明晰"。财产共有，可以集中力量办大事；产权明晰，可以充分调动出资者的积极性。将公与私有机地结合起来，实现了共同占有财产，追求共同利益，承认个人产权与追求个人利益的统一。股份制农业合作经济组织由经营者、劳动者持股，符合合作经济组织的性质，可以克服产权模糊的缺陷。鉴于我国经济发展水平的多层次性，在经济发达地区，应适时建立产权清晰、能适应外部市场的股份制农业合作组织。

（3）向外向型、规模化方向发展。随着经济的日益市场化、全球化，竞争更加激烈，一个小的合作经济组织在市场经济的大海中，往往显得过于单薄。因此，各个初级的农业生产合作经济组织，可以在追求共同目标的基础上联合起来，通过横向联合，建立更高层次的合作组织。这种初级合作组织的联合，可以是区域内合作的组织联合，通过这种联合，可以增强农业合作经济组织的实力，实现规模化经营、一体化经营，提高其经营集约程度，提高在外部市场中的竞争能力。目前，我国农业合作经济组织的经营方式，还是以封闭型的内部业务活动为主，与外部的业务往来较少，在与外部市场的竞争中仍处于不利的地位。

3. 不断增强生态农业龙头企业自身的竞争能力

生态农业龙头企业是产业化经营的组织者、带动者，内连千家万户、外连国内外市场，既是生产、加工、营销中心，又是信息、科研、技术中心，具有开拓市场、组织生产、加工增值、科技创新、资本增值和带动农户六大功能。"公司＋农户"是我国一些地区发展生态农业产业化经营组织的主导类型。这些地区的发展实践证明：只有做大做强龙头企业，才能增强带动农户的能力，才能促进区域经济的发展。就龙头企业自身而言，必须要增强其主导产品的市场竞争力和资本保值增值的能力。为此，企业要加强内部管理，进行内部结构调整，提高企业的管理能力，整合企业内部资源，开拓并建立市场营销网络。企业可通过吸收外资、兼并、收购、控股、参股以及发行债券等方式，增强企业的实力。

同时，政府应积极培育和促进龙头企业发展壮大，带动农户实现生态农业产业化经营。一是加大金融扶持力度。由各银行根据龙头企业资产、经营状况确定授信额度后，对生态农业产业化重点项目和龙头企业贷款给予重点支持。二是加大政策扶持力度，对现有龙头企业扶优、扶强。尤其要以市级以上龙头企业作为重点，根据实际选择一批投入产出率高、发展势头好、具有一定知名度的企业加以扶持，进一步增强其核心竞争力，帮其提高技术开发和产业开发能力，不断提高其产品档次和向农户提供服务的能力，助其形成强大的市场竞争力。积极打造绿色农产品加工企业的名牌产品，使龙头企业成为生态农业产业化的脊梁，带动农村主导产业的发展。三是加大招商引资力度。要按照国家关于推进生态农业产业化发展的投资方向和投资重点，紧扣产业政策，以资源优势引项目。四是制定相关政策，引导农产品市场在带动生态农业产业化中发挥积极作用。

4. 加强龙头企业与农民专业合作组织的有机联结

引导龙头企业以开展定向投入、定向服务和定向收购等方式为农户提供种养技术、市场信息、生产资料和产品销售等多种服务，提高龙头企业的带动和服务能力。大力发展订单农业，完善法律、法规，规范契约关系，明确合同各方的权利责任，提高订单履约率。鼓励龙头企业设立风险资金，实施保护价收购、利润返还等措施，和专业合作组织及农户建立地位平等的利益联结机制。鼓励农民以土地承包经营权、资金、技术和劳动力等生产要素入股公司，实行公司与农户多种形式的联合与合作，与龙头企业结成利益共享、风险共担的利益共同体。采取政府、企业和农户三方合作的形式，大大加强生态农业生产基地建设。

5. 大力创新生态农业产业化组织形式

我国农村市场经济还处于初步发展阶段，生态农业产业化经营组织必须根据市场经济不断发展的要求进行创新。国外经验表明，要顺畅交易途径、拓展市场空间、减少交易费用、加强独立的农户或农场主的合作，必然要实现深层次的全方位交易产权结合。例如，可通过大力发展农村股份合作经营，把分散的农户在巩固家庭承包制的基础上，以股份为纽带结成新的利益共同体，从产权制度和经营形式两个方面保证投资者风险共担、利益均沾、经营自主，充分体现民办、民利的性质，打破各种限制，促进农村生产要素的合理流动和资源的优化配置。另外，还可通过产权制度的完善来进行经营组织的创新，赋予农民更加完整和充分的土地权利，可以在所有权不变的条件下，将土地使用权长期租赁、委托或拍卖给农户，让有一定资金、技术、劳动实力的能人进行生态农业投资和规模经营，使生产要素得到优化组合，从而提高农村劳动生产力，提高农户的产业化水平，推动生态农业产业化经营的发展。

6. 发展特色家庭农场的政策建议

（1）监管措施规范化、制度化、长效化是促进特色家庭农场发展的基础。应通过立法确定其市场主体地位，明确其在生态农业绿色发展中的功能和角色；采取分类管理、重点培育、动态监测的管理措施；应加强统计调查工作，完善绩效考评机制，增强对其经营状况和发展阻力的了解和把握。

（2）培育文化素养高、生产技术好、经营理念先进且社会责任感强的新型职业农民。应通过与农业科研院所和高等院校的对接，对农场主进行定点定向培训，为其现代化生产经营储备人才；保障农业生产的代际连续，加强法律、法规、质量安全、环境保护意识的培养。

（3）确保农补资金效能，优化金融服务体系，提升惠农政策的针对性和有效性。采取积极的补贴措施，使财政支农资金有序向符合规定的农场倾斜；加大审查力度，确保资金切实流向中国特色家庭农场。实物和资金补贴相互结合，引导社会资本向生态农业绿色发展靠拢。同时，也应加强融资平台建设，向经营良好、规模适度、潜力较大的家庭农场提供低息贷款，降低财务风险；增强保险创新，通过风险共担机制提高风险规避和抵御能力。

（4）推动生态农业产业化经营，完善社会服务和保障体系，助力中国特色家庭农场的发展。应促进家庭农场和其他规模主体的共生，积极发挥生态农业龙头企业的知识溢出效应，强化农民专业合作社的服务功能，破除贸易流通阻力，建立农产品追溯体系。农户对未来生活保障持怀疑态度，农地被视为重要生产资料，也被视为可靠的生活保障，农户畏惧失地而拒绝长期转让，土地流转效率低下。因此应完善农村的社会保障制度和社会服务建设，消除农户的后顾之忧，促进土地的有序流转。应吸引农业实用人才返乡创业，推动中国特色家庭农场的可持续发展。

第七章　新型农业经营主体培育的
制度创新

创新是一个民族进步的灵魂，是一个国家竞争力的核心，只有促进新型农业经营主体培育创新和政府的制度创新，才能实现生态农业发展和建设农业现代化经济体系的目标。制度创新为新型农业经营主体培育创新奠定基础、提供条件，这是因为制度可以促进企业自主创新及其利益关系的固定化和规范化，新型农业经营主体创新能力的提高需要政府加强政策引导、提供制度保证。

第一节　新型农业经营主体创新与制度创新的
内涵及特征

新型农业经营主体培育创新和制度创新具有极其深刻的内涵和特征，本节在阐述其内涵的基础上，着重于分析新型农业经营主体培育创新与制度创新的博弈关系。

一　创新的内涵及特征

关于"创新"有许多不同的理解和定义。创新理论的创始者 J. A. 熊彼特（J. A. Sohumpeter）认为，创新就是生产要素重新组合，就是把一种生产要素和生产条件重新组合引进到生产体系中，而经济发展就是不断地实现这种新组合，以最大限度地获取超额利润。

美国经济学家 E. 曼斯费尔德（E. Mansfield）认为，创新就是"一项发明的首次应用"。他认为与新产品直接有关的技术变革才是创新。产品创新是从企业的产品构思开始，以新产品的销售和交货为终结的探索性活动。曼斯费尔德在某种程度上澄清了技术发明与创新之间的关系，即只有直接应用于新产品的技术才能称为创新。

本章研究新型农业经营主体培育创新，就是利用生产要素，通过知识、科学、技术等因素来提升产品的质量，提高新型农业经营主体的核心竞争力。

二 制度创新的内涵及特征

根据马克思的生产力与生产关系理论，经济制度是人类社会生产力发展到一定阶段占主导地位的生产关系的总和。不同的生产关系总和构成该社会的经济基础，并决定政治、法律制度以及人们的社会意识。因此，经济制度是上层建筑赖以建立的基础。在马克思看来，任何社会的生产都是在一定的生产关系及其制度条件下进行的，生产力的发展决定了人类历史上相继存在的各种社会形态和经济模式，这种社会制度演进的不同经济模式实际上就是同生产力的发展阶段相适应的生产关系或经济结构，以及与一定经济结构相适应的政治、文化和法律的上层建筑。这里所指的制度既包括法律制度、经济制度等由国家执行的博弈规则（外在制度或正式制度），也包括文化制度、传统习俗、伦理道德等由社会执行的博弈规则（内在制度或非正式制度），最终两种制度共同作用促进技术创新的微观主体——新型农业经营主体，进行技术创新。

第二节 新型农业经营主体培育创新与生态农业产业化创新体系

创新体系与生态农业绿色产业化发展有着极其重要的联系，新型农业经营主体创新能力对生态农业产业化效益的提升具有极其重要的作用。本节着重分析新型农业经营主体培育创新与物质循环转换的关系以及新型农业经营主体培育创新与物质科学性突破之间的关系。

一　创新体系的概念及其层次

1. 创新体系的概念

创新体系的内容极其丰富，包括组织结构创新体系、经济结构创新体系、生产结构创新体系、消费结构创新体系、产业结构创新体系、产品结构创新体系、科技结构创新体系、文化结构创新体系、法律结构创新体系、行为结构创新体系、生产要素结构创新体系、制度结构创新体系等。

综上所述，创新体系是指经济发展过程中多个国家、多个参与者、多个系统要素、多个动态系统相互作用、共同作用的概括和总结。

2. 创新体系的层次性

从合作博弈与非合作博弈的角度分析，每个发展中国家都有自己的问题，面临经济发展产品升级、生态效益的挑战，因此，从多层次角度来看，可以考虑采用复杂创新体系，有两个层次至关重要，即国家层次和企业层次。

（1）国家创新体系与分类区域创新体系。国家创新体系与分类区域创新体系可以分为三类。

生态乡村创新体系。生态乡村创新体系的内涵为：乡村生态农业产业化体系创新、乡村农产品流通体系创新、乡村农业发展方式的创新、新型农业经营主体培育创新等。我们应切实解决乡村振兴中的体制机制问题，例如生态农业绿色发展存在的问题：公平、环境面临的机遇与挑战、范围及影响。

生态城市创新体系。其中包括：生态城市的基础设施是否符合生态发展战略的要求，生态环境是否能够提高人们的生活质量，城市空气的净化度，城市环境的污染度，城市是否达到生态宜居型的标准。

生态城乡一体化创新体系。其中包括：城乡经济生态是否共同发展，城乡生态环境是否协调发展，城乡经济增长是否协调一致，城乡生活质量是否达成一致以及城镇化、城市化进程中所面临的生态问题与挑战。

（2）国家创新体系。国家创新体系的概念首先是由共同经济学家弗里曼在 1987 年提出来的，他认为一国的经济发展，仅靠自由竞争和市场经济是不够的，还需要政府提供一些公共产品。

创新的成功或失败取决于国家调整其社会经济方式以适应技术经济范式的能力。如果国家的社会经济制度范式无法与技术经济范式的要求相适应，则将陷入"技术创新陷阱"。例如，苏联和东欧国家尽管在研究开发方面具有非常大的投资，但它们并没有实现持续的经济发展，究其原因是没有形成一种可以有效使技术创新得以应用的制度体系。与在研究开发上投放更多的资本相比，一种与技术相适应的制度体系，可能对于经济发展更为有利、更为重要。

二 新型农业经营主体创新能力与生态农业绿色发展的关系

1. 新型农业经营主体创新能力的提升建立在生态农业绿色产业化发展的基础之上

经济增长理论表明，经济增长是一个多种因素交互作用的连续的非均衡的过程，影响长期经济增长的因素可归结为两个：一是土地、劳动、资本等生产要素的规模；二是生产要素之间的组合关系或要素生产率。显然，各种生产要素不仅对长期经济增长起作用，而且其之间的组合关系也在很大程度上决定着经济增长速度以及新型农业经营主体的创新水平。单纯依靠要素投入增加在短期内会实现经济的高速增长、生态农业绿色产业化效率的提高，但这种增长和提高方式面临着要素供给能力不足和边际资源递减的双重制约，因此，构建在要素密集投入基础上的经济增长通常是难以持续的，而要素间的相互作用或者说要素生产率提升是长期经济增长和新型农业经营主体创新的真正源泉。

2. 新型农业经营主体培育创新的经济因素和生态因素

新型农业经营主体培育创新就是社会经济因素和自然生态因素相互渗透、相互融合、共同发挥作用的结果。马克思对劳动生产增长因素的分析，也就是对经济增长因素的分析。他指出："劳动生产力是由多种情况决定的，其中包括：工人的平均熟练程度，科学的发展水平和它在工艺上应用的程度，生产过程的社会结合，生产资料的规模和效能，以及自然条件。"[①]在这里，马克思事实上指出了决定经济增长的五大因素。这五大因素中前

---

① 《马克思恩格斯文集》第5卷，人民出版社，2009，第53页。

四个因素作为社会经济因素，也都有自然基础，因而这五大因素实质上是社会经济因素与自然生态因素的有机统一。在论述新型农业经营主体培育创新与生态经济效益关系的时候，我们会提到马克思关于作为社会生产过程的劳动过程是人与自然之间物质变换过程的观点，那么，我们就会看到，作为自然历史过程的社会过程是个人在一定的社会形式中并借这种社会形式而进行的对自然的占有，是人通过自己具有能动性的创造性劳动，使人的本质力量发挥的对象化过程，这就是自然环境生态条件和人、社会之间不间断的物质变换的经济增长过程。从人的创造性劳动与生态农业绿色产业化发展合作博弈及非合作博弈角度分析，在这个过程中，不仅强调人的创造性劳动的能动性，而且更要重视人的本质力量的发挥要受制于自然基础及其生态环境所能容允的程度。新型农业经营主体培育创新是建立在生态的自然基础上，而不能超越自然生态系统承载力，这是新型农业经营主体培育创新必须遵守的生态规则。

新型农业经营主体所创造的经济增长是人类劳动借助技术中介系统来实现人类社会的经济社会因素和自然界的自然生态因素相互作用的物质变换过程。因此当我们把新型农业经营主体培育创新建立在马克思物质变换理论基础上的时候，就会发现经济增长的自然生态因素进入作为自然历史过程的社会生产过程之中，已经由经济系统的外生变量转化为经济增长经营主体创新的内生变量，成为决定农业经营主体创新的内在因素。这样就把马克思自然理论关于自然生态环境作为人类社会经济的外部条件和内在要素的理论贯穿到农业经营主体培育创新的理论之中，形成了创新的生态经济发展理论，构成了新型农业经营主体培育创新与生态效益的统一。

3. 新型农业经营主体培育创新的宏观条件是实现企业经济增长的核心问题

新型农业经营主体培育创新实质上是企业产品在实物和价值形式上如何补偿的问题，这是企业资本再生产的核心问题。依据社会经济因素和自然生态因素相统一的发展观，自然环境、生态条件、人和社会之间不间断的物质变换的经济增长过程，在本质上是生态经济再生产过程。

新型农业经营主体培育创新的实现问题，实质上是经济再生产和自然再生产过程中的消耗，在价值上如何得到补偿、在实物上怎样得到替换的问题，只有在生态经济再生产中的消耗能够从社会产品中得到相应补偿的条件下，生态经济再生产才能顺利进行。那么，什么是社会产品呢？马克思认为，人们的全面需求的发展，要求社会除了生产物质产品外，还必须生产满足人们的发展、享受需要的精神产品（既有服务产品又有实物产品）。所以，企业自主创新要适应这些方面的需要，在精神产品方面所体现的非物质形态的劳动成果，如文艺服务、教育服务、技术服务、保健服务、旅游服务等。它们能满足人们的全面需求，也应纳入社会产品的范畴。同样，这也是新型农业经营主体创新的内容。因此，新型农业经营主体创新按其满足需要的内容应该分为物质产品、精神产品与生态产品。随着经营主体创新的发展和现代生态经济系统基本矛盾运动的不断加深，生态产品在现代经济发展中的地位不断提高。适宜的空气、充足的阳光、清洁的淡水等，这些生态产品构成经营主体创新的生产要素，直接构成全体社会成员的消费对象，即人口再生产的基本条件。过去企业的生产，是按其固有的自然规律，没有人类劳动的参与，也可以自发地生产出来，现在则不行，它们按其固有自然规律，或多或少需要人类劳动的参与，才能再生产出来。因此，离开生态产品，把现代社会再生产的客观问题只局限于物质产品和精神产品的实物产品，就把产品客观问题缩小和简单化了，就会导致再生产理论与现代经济社会的消费结构与生产结构相悖，从而产生企业与生态农业效益的非合作博弈结果。

生态经济再生产中的经济再生产的总需求和自然再生产的总供给的平衡协调发展，既要受社会产品价值组成部分的比例关系的制约，又要受企业生产物质形态的比例关系的制约。所以，新型农业经营主体创新中，生态经济再生产过程中的消耗，能够从社会产品中得到实物和价值的补偿，就要求社会产品必须保持一个相应的实物构成和价值构成，使企业生产符合生态经济再生产的客观要求，生态经济再生产就能顺利地进行，否则，就会使再生产过程发生困难。因此，我们要摆脱困境，实现生态与经济相协调的发展，就必须增强生态农业经营主体创新能力，这种创新建立在对生态消费进行实物和价值补偿的基础上。协调好物质补偿关系和价值补偿关系，仍是新型农业经营主体培育创新实现的必要条件。

第三节 新型农业经营主体培育创新与生态农业生产要素创新

生态农业绿色发展是一种新的经济发展理念，而制度创新为其发展提供制度基础。生态农业坚持人与自然的和谐发展、共同发展，追求经济发展和环境保护的双赢。本节着重于分析制度创新与生态农业创新的关系，也就是说，涉及物质层面、制度层面及价值观念的全方位变革与创新。

在制度层面，环境问题需要进入政治结构、经济结构和法律结构之中，促使环境保护制度化；在价值层面，生态农业绿色产业化发展要求人类的价值观念在对待自然、对待后代、对待生态的关系上发生革命性的变化。

一 生态农业生产值得重视的几个趋势

1. 生态农业绿色农产品的需求总量持续增长

城乡居民收入和消费水平的提高，为居民绿色消费结构升级和消费需求分化奠定了重要基础，也对农产品绿色需求总量和需求结构的变化产生深刻影响，基本的趋势如下。

（1）社会对绿色农产品需求总量持续增长，绿色需求结构多元化持续推进。近年来，农村和城市居民对一般性粮食和蔬菜的人均消费量有所下降，而对绿色粮食和蔬菜的需求量有所上升；农村居民人均植物油消费量、城乡居民人均猪肉羊肉消费量稳中略增，城乡居民水产品消费量在经历较长时期的增长后趋于稳定。由于中国 2017 年末常住人口城镇化率已达58.52%，今后城镇化率很可能继续以每年超过 1 个百分点的速度提高。同时目前城市居民粮食消费量不足农村居民的一半，城市居民绿色蔬菜、食油、猪牛羊肉、水产品消费量均明显高于农村居民，据此可以粗略推算，今后中国城乡居民对粮食（主要是口粮）的消费总量将呈下降趋势，对绿色食物油、猪牛羊肉、水产品的消费总量将呈加速上升趋势。从国内外经验看，城乡居民对猪牛羊肉、家禽、水产品等养殖产品消费总量的增长，以及农产品加工业发展对动物毛皮、内脏、骨、血等养殖业副产品需求的增长，会带动社会对饲料粮需求以及粮食需求总量的增长。因此，绿色农业产业化发展对绿色资源的需求总量将呈增加趋势，农产品需求结构绿色多元化也会加快推进，实现绿色农产品供求平衡的难度在总体上将呈增大趋势。城乡居民绿色消费结构升级，也将带动绿色农业产业化发展。

（2）不同类型消费者的绿色农产品消费需求加快分化，消费市场进一步细分。随着收入水平的提高和收入分化，城乡居民对绿色农产品需求的增长日益呈现个性化、差异化和多样化趋势，专用化绿色农产品、绿色加工食品、品牌食品和安全化、优质化、体验化食品日益成为绿色农产品需求增长的重点，甚至在产品功能之外对农业生产、生态功能的需求日益成为生态农业需求的新增长点，生态农业发展的科技、教育、文化内涵和生态休闲、旅游观光等生态体验功能也将日益受到重视。这也导致生态创新供给、引导、凝聚、激发生态农业需求的重要性和紧迫性迅速显现。如许多地方通过激活生态农业的景观功能，引导和激发生态农业新需求。

值得注意的是，近年来，城镇化和人口老龄化对居民绿色消费结构升级和绿色消费需求分化的影响也在迅速深化。2017年，全国农民工总量已达到2.87亿人，较上年增加501万人；其中本地农民工10574万人，外出农民工16821万人，全家外出的农民工已占外出农民工总量的21.4%。同年，全国60周岁及以上的人口24090万人，占总人口的17.3%，其中65周岁及以上的人口已达15831万人，占总人口的11.4%。城镇化和老龄化趋势的发展，导致生活方式转变对绿色农产品消费需求的影响日益深化，加剧生态农业需求增长的个性化、差异化、多样化、安全化和优质化趋势。

2. 要素成本提高对生态农业绿色产业化发展的影响不断深化

近年来，中国绿色农产品成本和机会成本的提高，以及生态农业绿色产业化经营比较效益的下降，在很大程度上可以归因于生态农业要素成本的迅速提高和农业的粗放经营。

近年来，在农民收入总量持续快速增长的同时，虽然农民来自生态农业的纯收入仍呈增长态势，但生态农业对农民增收的相对贡献能力已经呈现趋势性减弱。2013年，在农民人均纯收入中，来自生态农业的仍占40.8%，2017年已经下降到35.8%。随着生态农业对农民增收相对贡献能力的趋势性减弱，提高生态农业效益的重要性和紧迫性更加突出。否则，由于生态农业绿色产业化经营主体缺乏生产经营积极性，生态农业产业化经营副业化和兼业化将会迅速普遍化。

3. 生态农业专业化、规模化、集约化的迅速推进有效带动了生态农业产业化发展方式转变

在微观层面，生态农业专业化、规模化、集约化的推进，往往表现为农户规模经营的发展，以及种养大户、家庭农场、农业合作社、龙头企业和工商资本等新型农业经营主体、新型生态农业服务主体的成长。相对于普通农户，新型主体的成长也对新型生态农业服务主体的发育及其规模化和产业化提出了新的更高要求。近年来各种生态农业新型服务主体的成长，不仅有效促进了生态农业的节本增效和风险降低，还同生态农业专业化、规模化、集约化的发展形成了良好的互动效应。

在中观层面，生态农业绿色发展的区域专业化、规模化和集约化，也对推进生态农业生产性服务业的发展及其集群化、网络化提供了强劲的需求拉动。由于区域层面生态农业发展的集群化和连片化迅速推进，主要绿色农产品生产向优势产区集中的步伐明显加快，绿色农产品主产区与主销区的空间距离扩大，实现绿色农产品供求平衡对农产品流通特别是物流体系的需求明显增强。

4. 高技术化是生态农业绿色发展的重要趋向

高技术化是指生态农业在未来发展逐步走向以生物技术、电子信息技术和新材料为核心技术的高技术农业的过程。这就使得生态农业现代化经济体系发生了深刻的变化。一是科学技术研究转向以生物技术、信息技术为主的发展。目前生物技术和信息技术已渗透到农业的各个生产领域，极大地拓展了生态农业生产的领域和范围，提高了生态农业绿色发展的可控程度。二是农业机械和自动化转向采用高新技术武装农业机械，使高新技术密集型的农用机械进入生产领域，如在联合收割机、播种机、施肥机等农用机械上安装全球卫星定位系统，采用农用智能机器人收获农产品，使用农用飞机进行施肥、施药等。

二 新型农业经营主体培育创新需要注意的几个因素

1. 推进生态农业发展的创新驱动因素

推进生态农业发展的创新驱动，从根本上说是为了解决以下三方面的问题。一是促进生态农业绿色产业化发展更多地依靠科技进步和劳动者素质的提升，促进生态农业的节本增效升级，并降低生态农业经营风险。二是推进生态农业的组织创新和制度创新，促进新型农业经营主体的发育和农户等传统经营主体的改造，完善生态农业经营主体之间的利益联结机制，通过增强生态农业经营主体的竞争力，更好地增强生态农业竞争力。三是完善生态农业绿色产业化发展的生产性服务业发展环境，优化其激励机制，积极发挥其对生态农业发展方式转变的引领、支撑和带动作用。实践证明，生态农业生产性服务业的发展，通过促进生态农业的服务外包和分工分业，不仅为生态农业劳动力老弱化的背景下"谁来种田养猪""如何种田养猪"提供了有效出路，也为促进生态农业的节本增效升级、农产品的产销对接和提升生态农业价值链提供了重要途径。推进生态农业发展的创新驱动，要把促进新型经营主体的发育与促进新型服务业主体的成长有机结合起来，努力形成"新型经营主体 + 新型服务主体 + 普通农户"的现代生态农业发展格局，以普通农户为主力军、新型经营主体为生力军、新型服务主体为引领支撑，合力推进现代生态农业发展。

鉴于当前生态农业产业链、价值链的整合协调机制亟待健全，跨国公司对中国提升生态农业价值链甚至维护生态农业产业安全的挑战日益增多，引导生态农业绿色产业化龙头企业、农民合作社甚至进入生态农业的工商资本按照推进农村一、二、三产业融合发展的思路，延伸产业链、优化供应链、提升价值链，鼓励其成为领导型企业日益重要。

2. 以改革创新持续释放土地红利的因素

改革开放以来，我国坚持和完善社会主义土地公有制，通过实施农村土地承包经营、城镇土地有偿使用、土地确权赋能等一系列改革创新，加快了工业化、城镇化和农业现代化进程，释放了巨大的土地制红利。但是，随着土地供需矛盾加大、用地成本上升、"土地财政"趋紧和房地产价格高企，土地管理也面临严峻挑战，现行土地的持续性和有效性正经受重大考验。面对新情况、新问题，一些地方积极开展土地管理制度改革探索，积累了新经验。实践表明，支持我国生态农业持续发展的土地制度优势依然存在，在坚持永久性基本粮田制度的前提下，进一步深化改革、着力创新，完全可以释放更多红利。

（1）创新城乡土地开发利用制度，拓展建设发展空间。经济发展进入新阶段，土地供需矛盾突出。一方面，城镇化和新农村建设持续推进，区域发展、民生建设力度空前，用地需求刚性增长难以逆转；另一方面，不少地方资源环境承载力接近极限，严守耕地和生态保护红线导致土地供给刚性约束不断强化。显然，仅靠外延扩张增加建设用地的老路已走不通，必须寻找新途径、新办法。近年来，一些地方统筹经济发展、生态农业发展和耕地保护，创新城乡土地开发利用制度，为稳增长开辟了新的空间。应规范推进城乡建设用地增减挂钩，向结构优化要空间。城乡建设用地增减挂钩，是对农村建设用地进行整治复垦，在优先满足宅基地需求和农村发展用地的基础上，将结余的用地指标按规划调剂给城镇使用，并将指标增值收益全部返还农村，支持生态农业现代化经济体系建设，改善农村生产生活条件。目前增减挂钩已扩展到大多数省份，有力推动了农村人居环境整治和城乡统筹发展，在一些地方，如安徽金塞、四川巴中、陕西陕南等，已为扶贫开发、生态移民等提供了重要手段。

（2）完善土地经营权流转制度，有序推进土地流转和适度规模经营。土地流转和多种形式规模经营，是生态农业绿色发展的必由之路，也是农村改革的基本方向。在土地确权和所有权、承包权、经营权三权分置的基础上，应鼓励农民在保持农村土地集体所有权性质不变的前提下，保留承包权，将经营权转让给其他农户或其他经济组织。在土地流转实践中，既要加大政策扶持力度，鼓励创新农业经营体制机制，又要因地制宜、循序渐进，不搞大跃进，不搞强迫命令，特别要防止一些工商资本到农村介入土地流转后搞非农建设，影响耕地保护和粮食生产等问题。

一要继续加大新型农业经营主体的培育力度。新型农业经营主体是解决"谁来种地"问题的关键资源要素，是农村土地流转的重要拉动力量。国家应切实加大对新型农业经营主体的扶持力度，在政策、项目、资金等方面给予重点倾斜，促进其做大做强。家庭农场兼具家庭经营和规模经营的双重优势，是单户承包和大户种植的"升级版"，也是未来粮食等大宗农产品生产的主体。近两年，虽然国家有关部门出台了促进家庭农场发展的指导意见，但达不到对农业合作社、农业产业化龙头企业的专项扶持力度，未来需进一步增强政策倾斜性，提升政策的"含金量"。

二要加大对生态农业金融的支持力度。农民"融资难""融资贵"是制约农村土地流转和规模经营的重要瓶颈。土地经营权有序流转和发展农业适度规模化经营所需要的资金主要来自三个方面：自有资金、银行贷款、政府补贴。目前来看，除了自有资金和农业"四项补贴"外，农民最需要的是来自银行的贷款。在修改完善《农村土地承包法》等相关法律的基础上，应尽快出台土地经营权抵押贷款的具体办法和实施细则。

三要严格控制工商资本。在土地流转的过程中，要严格落实农业部、中农办等部门加强对工商企业租赁农地监管和风险防范的意见。对工商资本租赁农户承包地实行上限控制（面积和期限），建立分级备案和风险保障安全制度，探索建立资格审查、项目审核制度，加强事中事后监管，定期对企业的经营情况和风险防范措施开展监督检查，严控工商资本给土地流转带来的负面效应。

四要扩大整省推进土地确权登记试点范围。确权登记颁证是土地流转的一项前提和基础性工作，如果权没确、证没发、四至不清，即使进行了土地流转，也会留下后患。2012年以来，中央先后在13个省份和27个县开展了整省整县土地确权登记试点。为切实维护农民合法权益，有效夯实土地流转基础，应在总结经验、点面结合的基础上逐步推进，继续扩大整省土地确权登记试点范围。

第八章　新型农业经营主体培育创新与绿色知识经济发展

新型农业经营主体培育创新，需要绿色知识的运用和指导，绿色知识经济是时代发展的客观要求，是经济发展总趋势的客观要求，是提高绿色农业产业化水平的客观要求。绿色知识经济是一种新的经济形态，是传统知识与现代绿色知识博弈的结果，博弈双方围绕经济效益、生态效益、社会效益而展开，围绕新型农业经营主体培育和生态农业绿色产业化发展来演进，人们追求的将不再是传统的、狭隘的、自私的经济效益和生态效益，而是广义的、全方位的经济效益和生态效益。

第一节　生态农业绿色知识经济的内涵及特征

生态农业绿色知识经济是以绿色知识为基础的经济。生态农业绿色知识经济的实质和灵魂是农业现代化经济体系所展现的绿色知识、绿色产业、绿色产品、绿色金融、绿色建筑，是生态农业的知识智慧，因此，具有独特的内涵和特征。

一　生态农业绿色知识经济的内涵

生态农业绿色知识经济具有绿色的基本含义：新时代生态农业现代化经济体系是作为一个连续的状态而发展的。当代的社会成员作为一个整体共同拥有地球的自然资源，共同享有适宜的生存环境，这种环境符合绿色要求，符合人类的生存需要。在特定时期，当代人已是未来地球环境的管理人和委托人，同时也是世代遗留的资源和成果的受益人。这赋予了当代人发展绿色知识经济的义务，同时也给予了当代人享用地球资源与环境的权利。它的基本含义为：既要满足当代人的需要又不对后代人满足需要的能力构成危害的发展。健康的经济发展应建立在生态可持续能力、社会公正和人民积极参与自身发展决策的基础上。它追求的目标是既要使人类的各种需要得到满足、个人得到充分发展，又要保护资源和生态环境，不对后代人的生存发展构成威胁。

从生态农业绿色知识适应性系统的视角来看，绿色知识系统都可被看作一个多层次的复杂适应性系统。首先，生态农业绿色知识系统是由多个系统组成的。例如：生态农业产业引发的绿色知识；绿色农产品引发的绿色知识；生态农业经济带引发的绿色知识；绿色食品引发的绿色知识；绿色技术引发的绿色知识；绿色流通引发的绿色知识。其次，绿色知识影响着生态农业制度的效率，影响着由制度约束的生态农业经济结构，不同绿色制度安排的效率对其他的制度有影响，不同的绿色制度交往或交易，有可能直接导致各主体受益或受损，这种受益或受损，有可能对资源配置产生影响，或者对生态农业绿色发展产生影响，对农业生态经济发展产生影响。

二　生态农业绿色知识经济的特征

生态农业绿色知识经济具有市场结构性特征、企业行为特征，以及制度性和技术性特征，以下对此作出具体分析。

1. 生态农业市场结构性特征

中国的市场化改革促进了全国统一市场的建立和逐步完善，从而促进了绿色知识经济的发展，绿色产业和绿色产品的发展，为形成市场有效竞争创造了基础性和决定性的条件。那么，生态农业如何适应这种市场结构的变化，是否能促进绿色知识经济的发展呢？绿色知识如何引导生态农业绿色发展呢？

一是生态农业绿色产业化的市场结构特性。绿色知识引导生态农业绿色产业的发展，包含特色农产品、原生态农产品，也就需要特色农产品技术知识和原生态农产品技术知识引导其发展。这类绿色产业市场化程度高、市场需求前景好，也都需要运用市场法则，遵循价值规律和市场运行规律，优胜劣汰，淘汰落后产能和落后产业。发展具有绿色内涵的产业和产能，为产业提供绿色能源和绿色原材料，为现代产业体系形成奠定绿色原材料和能源基础。

二是生态农业绿色农产品的市场结构特性。绿色知识引导生态农业绿色农产品发展，也就是运用绿色知识和绿色技术来改造传统农产品，改变农产品的非绿色性能，使其转变为绿色性能，从有公害农产品向有机产品转变，这些都需要运用市场的法则和手段，引进和发展绿色先进技术，采用高效绿色投入，引导高效绿色农业产业，为绿色农产品的创新提供技术基础，为绿色农业生产和绿色消费提供产品基础。

2. 生态农业企业行为特征

生态农业企业行为表现为，企业运用政策法规和市场法则发展绿色产业，而不是排挤绿色产业，我们要发展绿色产品，淘汰传统的高耗能产品，创造绿色发展的宽松环境。

一是低价格竞争的行为。我国的农产品常常采用低价格占有市场，但都以低质量为先决条件。我们倡导的是运用市场法则，不是以低价格排挤高价格的优质农产品。这种低价格竞争策略在农产品市场的初级和中级发展阶段有很大的作用，而当市场进入高级阶段，也就是人们对绿色高质量农产品的需求欲望很强的时候，这种低价格的竞争行为就与之不相适应了。

二是低成本策略行为。农业企业低成本包括运用廉价的劳动力、低质原材料，其结果是，低技术水平只能开发低质量和低层次的农产品，低技术构成低质量产品结构，这种结构是一种低质量技术导致的结构，从而排挤高质量产品。

三是急功近利的短期行为。当前企业急功近利的短期行为非常普遍，开发一个绿色农产品，一年半载就要见效，着重于短期投资，而对于周期长、长远利益大的绿色农产品开发缺乏投入，或者是缺乏技术，或者是缺乏理念，或者是缺乏长远设想。这类行为构成了生态农业绿色发展的障碍。

3. 生态农业制度性特征

绿色制度，包括生态农业绿色企业和绿色农产品的认证制度、相应生态农业企业评估制度、绿色企业考核的绩效制度、绿色 GDP 制度等，这一系列的制度是绿色制度的集中体现，主要有非正式制度和正式制度，就有可能成为非均衡的制度。例如，中国的绿色 GDP 的统计和计算制度，对国民经济总量计算纠偏发挥了重要作用，其中包括绿色产值指标、绿色企业评价指标，对绿色资源、环境、社会经济作了多层次细分，将生态财富生产纳入了政府的公共投入范畴，将政府的生态支付纳入政府购买的范畴。尽管如此，GDP 产值未能有效的实现，依然对绿色经济的发展和绿色知识的运用产生了实际的影响，因此仍然是一种非均衡的制度。

非正式制度包括人们绿色价值观念、绿色社会意识、绿色理念的倡导，从而使该项绿色制度从开始的非均衡的制度最终转变为均衡的绿色制度。例如，鉴于绿色 GDP 的核算面临资源和环境定价的难题，以及资源产权不明、绿色核算制度不完备等问题，有学者提出了绿色 GDP 的非货币计算方法以及绿色 GDP 的实物核算方法。绿色 GDP 逐渐成为社会普遍的共识，已经被越来越多的人所接受。

4. 生态农业技术性特征

生态农业产业化发展的技术性特征表现为以下几点。一是农业化学化转向使用农业生物制品，借助生物技术、计算机信息技术，在保护农业生态环境的原则下，减少化肥、农药、除草剂等化工制品使用量，大力发展生物性肥料、生物性农兽药、生物性生长调节剂等物制品，并采用 3S 技术进行精确施肥、施药。二是作物和畜禽品种向更优质、高产、高抗逆性、广泛适应性方向发展。以基因工程为核心的生物技术，突破了动物、植物、微生物之间的界限，改变了常规育种技术只能利用有限种内杂交的做法，大大拓宽了生物界种质优势利用的范围，导致大批转基因动植物新品种的诞生。

第二节　生态农业绿色知识经济发展的规律及其选择

生态农业绿色知识经济发展具有内在特定规律性，必须遵循市场法则及其价值规律，必须遵循从粗放型增长向集约式发展转变的规律，必须遵循其阶段发展的规律，必须遵循技术进步在绿色知识经济增长中的客观要求，必须遵循制度安排的客观要求。生态农业绿色行动是社会行动的一种特殊类型，绿色行动具有社会性的定位。

一 生态农业绿色知识经济发展的规律

1. 从粗放型增长向绿色知识经济增长的转变是生态农业经济增长的一般趋势

生态农业绿色知识经济增长方式，指推动经济增长所需要的各种绿色生产要素投入、组合及相互作用的方式，是经济发展的生态化表现。从绿色生产要素配置和发展状况出发，绿色知识经济发展可以衍生出两种不同的作用方式：一是以增加生态农业投入和扩大生态农业规模为基础，以形成生态农业产业链和生态农业产业效益，强调增长的粗放型方式；二是以提高生态农业效益为基础，以形成生态农业高质量的产业集群和产业效益，强调生态农业绿色增长质量型经济增长方式。从粗放型经济向绿色知识经济转变，其内在的规律性可以通过经济增长方式的阶段性演变反映出来，并展现生态农业不同的阶段性特征。

2. 生态农业要素驱动阶段，即农业绿色资源经济阶段

生态农业集中表现为经济发展的主要驱动力来自基本生产要素，即廉价的农业劳动力、土地、矿产等资源，是着重于依赖要素载体和依赖资源载体的生态经济，特征表现是劳动密集型生态农业产业成为主导产业。限制公众的绿色知识运用过程中依赖资源，以此来促进发展是一种客观事实，即使在最发达的市场经济和高效率的资源配置系统中，降低农业生态资源消耗也只能解决部分问题。因此，为了减少生态农业在绿色知识和绿色技术运用中知识资本与价值创造所产生的交易成本，一个社会应当尽可能地降低资本与知识分离的程度，也就是知识与生产要素分离的程度，而当资本在人群中的分布高度不均的时候，资本与知识分离的程度就大，一方面，大量拥有创新绿色产业想法的人缺乏实现想法的资源，其中很多关于要素绿色创新的想法就会因为难以得到融资而难以得到实施。另一方面，少部分拥有社会中大多数资源的人，并不拥有与其财富成比例的绿色创新知识，对于这些人而言，财富过剩而知识不足，会导致资源的"滥用"，这是生态农业资源的绿色知识运用不当的真实反映。

3. 生态农业投资驱动阶段，即农业绿色资产经济阶段

生态农业集中表现为经济发展的主要驱动力来自大规模的投资及生产，投资成为拉动经济的主要动力，并成为生态农业绿色发展的主要因素。特征表现是资本密集型生态农业产业成为这一阶段的主导产业。这一阶段是从 18 世纪后期到 19 世纪后期，大农业机械代替手工劳动，资本积累成为生态农业经济增长的重要推动因素，成为农业现代产业发展的助推器，生态农业资产成为主导产业。

4. 生态农业创新推动阶段，即农业绿色知识经济阶段

生态农业知识在经济发展中发挥了极其重要的杠杆作用。这个阶段是1870～1970 年的百年农业发展时期，集中表现为西方发达国家的生态农业经济增长，不是主要依靠农业经济资本和农业经济资源的投入，而是主要依靠技术进步和经济效率的提高，依靠科技的智慧和力量。这一阶段的主导产业集中于服务业一体化和农业机械制造业。

5. 生态农业财富推动阶段，即农业绿色经济信息化发展阶段

这个阶段突出的表现是 1970 年以后的经济信息化发展时代，用信息通信技术改造农业经济成为这一时期经济增长的主要标志。这一时期的主导产业，是渗透到各个产业的绿色知识经济产业、高科技产业、信息通信业、电子产业、自然产业、精神产业和社会绿色产业。这些产业的发展促成个性的全面发展，享受资料和发展资料已成为农业经济发展新的主动力，成为生态农业经济发展新的杠杆。信息化的本质就是对信息技术、产品和服务的应用。绿色信息化主导着新时期生态农业产业化的方向，使生态农产品朝着高附加值化发展。20 世纪 50 年代以后出现了现代信息技术，并且在农业领域得到了迅速发展。渗透到各行各业的信息，成为提高工作效率和经济效率、降低交易成本的有力武器。尚未完成生态农业产业化的发展中国家应该充分发挥信息化的后发优势，在适宜的领域运用现代信息、通信技术来处理信息，加快生态农业产业化的进程，这时出现了信息化和现代农业产业化相互融合的跨越式发展，是注重生态建设和环境保护的可持续发展，信息化带动生态农业产业化也就成为农业现代化经济体系建设的加速器。

二 技术进步在生态农业绿色知识经济增长中的作用日益呈现

相关研究表明，当代西方农业产业化国家人均国民生产总值的年均增长率为 1.5%，其中，资本对人均收入的贡献率约为 0.25%，生产效率提高的贡献率则为 1.3%。这组数据表明了资本与收入及生产率之间贡献的数量关系，表明投资生态农业经济增长的贡献。因此可以认为，生态农业绿色知识的运用和绿色技术创新处于弱化状态，国内"投入的贡献只占有限的一小部分"而"绝大部分应归因于生产率的提高"。生态农业知识积累是推动生态农业经济增长的重要变量，知识的运用能力已成为经济发展的重要力量。萨缪尔森在研究美国经济增长状况时发现，美国在 20 世纪初至 21 世纪初，年均增长率达到 2.2%，其中资本深化所占份额仅有 0.5%，而资本效率提高的贡献份额却占到 1.7%。这就充分说明，生态农业绿色知识的运用和绿色技术的创新在生产效率提高中具有极其重要的作用。

三 制度安排在生态农业绿色知识经济中的作用不可忽视

产权制度研究是整个生态农业绿色发展研究的核心。我们根据科斯的制度安排理论，探讨制度安排在绿色知识经济发展中的作用，从比较的视角，通过不同的制度安排来解释资源与环境所体现的经济绩效问题。制度创新是绿色知识经济发展的重要条件和重要基础，我们应通过产权制度的重新安排，促进生态农业绿色发展，降低交易费用，其中包括产品资源交易费用、劳动力资源交易费用、自然资源交易费用、物质资源交易费用。

从资源与环境经济理性的视角，通过多个维度解释生态农业资源产权与经济绩效以及生态之间的关系，即使在资源与环境关系整体上看似无效率的产权制度安排，那也是生态农业绿色增长的理性选择，是一种生态农业经济绩效和生态价值的理论观点。

生态农业绿色发展中的资源与环境问题的解决需要制度来维护，制度变迁是渐进的、连续的，具有生态农业路径依赖特征。生态农业资源与环境的矛盾是一种长期存在的经济现象，通过碳排量和减排量表现出来，附着在这个矛盾及观念之上的各种制度一旦形成，短期内就不可能完全变革，因为促进生态农业绿色知识经济发展有利于解决生态农业绿色发展中的资源与环境矛盾。

四 生态农业绿色知识经济发展方式的选择

1. 生态农业绿色知识经济增长的几个原则

从现实国情看，中国生态农业目前仍处于经济增长的投资推动阶段，投资是推动农业生态经济增长的主要动力，投资对生态农业绿色发展具有决定性的作用，资本密集型产业是主导产业，经济增长仍然是以农业生态资本投入和农业生态资本运作为主要推动元素，农业生态效益和经济效益仍然低下。中国生态农业绿色经济增长的另一个重要背景，是当前正处于生态农业经济转型期，生产要素数量投入型增长的传统经济体制安排还在发生作用，其效应非常明显，客观上加大了生态农业绿色经济发展的难度，加大了生态效益提升的难度。因此，要改变这种现状，中国生态农业绿色经济增长方式的选择和定位，理论和实践上应遵守以下几个原则：一是不仅要着眼于生态农业绿色技术因素对经济效益和农业生态效益的决定作用，也要强调生态农业绿色知识经济发展制度的创新作用；二是着力强调生态农业绿色知识经济发展方式内涵的研究，既要分析生态农业绿色知识经济生产要素的数量和质量，也要研究绿色知识经济及绿色技术生产要素的质量和效率的提高对经济效益和农业生态效益的影响；三是要具体联系中国生态农业所处的绿色知识经济阶段，把握好生态农业绿色知识经济发展方式转变的时机和环境，把握好农业生态效益提升的有利时机；四是要改变生态农业绿色知识经济个别因素的一元决定论，优先进行生态农业绿色知识经济和农业绿色技术的多元化系统性的博弈分析。

2. 优化生态农业资源和环境必须选择绿色知识经济的增长

我们在分析资源和环境问题时，也就是在论述资源与环境的隐性障碍和显性障碍时，引入了嵌入性资源与环境问题分析方法。嵌入性这一概念早期的阐述出现在波兰尼的论著中，他借此来批评主流经济学中的个人主义方法论。他认为，无论处于经济社会发展的哪个阶段和哪个时期，生态农业经济都不是孤立存在的系统，也就离不开农业生态环境系统和自然资源系统，在工业革命之前的农业经济是嵌入社会和政治系统之中的。这说明，如交换、货币和市场等经济问题和经济现象不仅仅由农业经济利益所驱使，它们的产生、发展及变迁都是以具体的社会背景和政治背景为基础，与经济发展和社会发展结合在一起的。工业革命前农业社会中的经济生活主要以利益互惠或再分配的方式进行，市场交换只是零星发生，形不成规模效应，也就谈不上生态农业绿色知识的运用和生态农业绿色技术的创新，不过工业革命和环境革命使得这一状况发生了根本性逆转，为生态农业绿色知识的运用提供了广阔的舞台，市场和价格机制成为决定经济过程的主要力量，科技创新成为生态农业经济发展的主要杠杆，资源和环境问题也就成为生态农业经济的隐性发展和显性发展的重要主题。但是不论在前工业社会和工业社会，还是在经济高度发达的后工业化社会，资源与环境的嵌入性始终存在，只不过在不同生态农业发展阶段嵌入的程度和具体模式有所不同。嵌入性分析的要点在于，无论从哪种角度出发来研究生态农业资源与环境问题，都必须考虑资源与环境对生态农业经济发展的影响，都必须考虑生态农业环境效应与资源生态效益问题，都必须考虑生态农业绿色知识的运用和绿色技术的创新。嵌入性分析为生态农业资源与环境问题的研究，特别是生态农业资源的隐性因素和环境显性因素问题的研究提供了一把钥匙，研究者可以从嵌入性这个概念推导出一系列的嵌入方式。生态农业资源可以嵌入社会，也可以嵌入生态农业产业，嵌入生态农产品，嵌入生态环境，生态农业资源嵌入性主张具有非常普遍的适用性。由此可见，嵌入性的资源与环境隐性问题和显性问题在本质上是对经济学的思维方式特别是绿色知识的运用方式的直接挑战，同时也为生态农业资源与环境问题的解决提供了强有力的理论支撑。这样会引导出两个主要命题：一是生态农业资源总是社会性定位的，它不可能离开社会关系而独立存在，而是为利益所驱动；二是生态农业资源不可避免地会对环境产生影响。

新时代生态农业现代化经济体系的建立和发展，也就是生态农业资源与环境融合的农业新兴经济体综合了生态学、经济学、政治学、社会学、法学，特别是生态学和经济学等多个学科研究进展的结果。这是由生态农业资源与环境的隐性特性及显性特性决定的，多学科综合研究突破了经济学与其他相邻社会科学之间的界限和壁垒。就生态学而言，用生态思维方法分析生态农业效益问题不仅仅改变了其相对于经济学这一显学而言的"剩余学科"的尴尬地位，而且为其研究生态农业资源与环境问题提供了理论武器。经济学和生态学应当突破边界一起发展，以促进我们对生态农业绿色知识的运用。生态农业效益是经济学、社会学、生态学等多学科融合的结果。对生态农业资源与环境隐性生态效益与显性经济效益的研究已经形成了一些相对稳定的主题和思维方法，这是经济学和生态学以及社会学更为深入、更为广泛的融合。这将更有助于提高我们对生态农业绿色知识经济发展的认识水平。

第三节　新型农业经营主体培育与绿色知识经济的发展

生态农业绿色知识的运用和经济的发展对新型农业经营主体的培育有着极其重要的指导作用。

一　有利于农业生态经济可持续发展

绿色知识经济是一种有益于环境保护和生态农业可持续发展的新型经济，它是农业现代化经济体系建设的必然选择，是经济发展方式从粗放向集约式发展转变的必然要求，是污染控制技术发展的必然要求，是生态农业经济领域和技术领域中的深刻革命。

生态农业生产过程更加清洁化，绿色知识经济本身要求清洁的环境。绿色知识的应用能使污染降到最低，使环境得到保护。资料显示，到2020年，有益于环境的高新技术将占到环境产业的80%。一些传统的污染问题将得到较好的解决。某些行业可实现废物的"零排放"。这些都是绿色知识经济所创造的成果，所创造的生态效益。如在农业中，生物工程的应用，无公害农药等的使用，使农药中的污染大大减少。为了减少环境污染，工业发达的国家都十分重视"绿色设计""绿色产品"，整个经济体系正走向可持续发展。

绿色商品销售过程不会造成污染。在生态农业绿色知识经济时代，商品的销售方式在发生根本的变化，它不会像工业经济时代那样，要人们到厂家去订货、到商店去采购。绿色知识经济时代，人们可以通过网上预订和购买物品满足自己的需要，消费者可以通过网络参与产品的设计、修改，能加入自己的意愿，选购自己所需要的包装，产品完全可能根据消费者的需要进行生产、包装，并送到客户的家中。这样可以节省采购费用，减少商品堆积及保管所需要的降温、除湿设备，以及喷药等所造成的费用和污染。在生态农业绿色知识经济时代，包装也会发生根本性的变化，有的包装可以成为用户的装饰品，有的将成为产品的组成部分，有的则是可降解的，这样，包装也不会成为垃圾，以实现包装与产品的绿色化，达到包装与产品的合作，从而取得生态经济效益。

生态农业绿色产品消费过程不会污染环境。在生态农业绿色知识经济时代，产品的设计促使生产把防止污染作为重要内容，因此，人们在消费过程中，不会对环境造成污染，从法规上提供了实现绿色知识经济的保障。

生态农业绿色产业将占主导地位。随着生态农业绿色知识经济时代的到来，传统的农业产业结构将发生深刻的变革，不仅第三产业所占的比重大幅上升，而且，以信息产业为龙头的高科技产业将得到蓬勃发展，生态农业经济规模将明显地超过传统农业产业。高科技生态农业产业以消耗人的智力资源为主，人的智力资源不仅在量上具有无限性，而且在质上具有无形性，它只需要少量的物质载体就能为人所用。人的智力资源的这一特性使它不会像工业经济社会以消耗自然资源和资本为主一样，对环境造成严重的污染。因此，以信息产业为龙头的高科技产业占主导地位，将会大幅度降低单位 GDP 中的资源消耗比例和污染排放比例，这对生态农业环境保护是十分有利的。同时，由于高科技在传统农业产业中得到快速渗透和应用，传统农业产业的技术水平也将得到全面提高，以利于建设农业现代化经济体系。

二　有利于新型农业经营主体合理利用自然资源

任何经济增长都会面临着绿色资源约束，缓解绿色资源约束当然需要提高绿色技术利用效率，但也需要提高绿色资源的社会利用效率。

生态农业绿色知识经济可以使已有的自然资源得到合理充分的利用。在农业经济时代，人们急功近利，一般采用粗放型经济增长方式，一棵树从采伐、造材、锯材，最后加工成家具等用品，仅能利用四分之一。这些都造成了巨大的浪费，造成这种结果有体制方面的原因，但更重要的还是科学技术落后，不能使生态资源得到充分利用。在生态农业绿色知识经济时代，知识是经济增长最主要的动力。知识在生态农业生产中的应用，会使人们充分利用资源。这样就能够实现资源生态效益的合作博弈。

生态农业绿色知识经济创造新的资源。在绿色知识经济时代，随着科学技术的发展，需要人们制造和应用新材料，这一点，今天就已经十分明显地摆在我们的面前。例如，在工业革命初期，人们需要的材料几乎全部依赖于绿色资源。第二次产业革命以后，经济实践和经济发展的需要进一步提高了物理学、化学和生物学对物质结构及其运用的要求，物质转化能量不断增强，其效应不断扩大，代替人工自然的材料技术不断发展，引起了生产力系统中劳动对象的革命。20世纪80年代，世界合成染料占全部染料的99%，合成药品占全部药品的75%，合成橡胶占全部橡胶的70%，合成油漆占全部油漆的50%以上，合成纤维占全部纤维的30%以上。随着第三次科技革命的兴起，各种新材料更是层出不穷，如新的塑料材料、复合材料、陶瓷材料、金刚石膜、超导材料等，它们能够适应科技发展对材料的要求。这些特殊性能的材料，为人类制造航天飞机、计算机提供了基础、创造了条件。新材料也就是新资源，这种新资源创造出来，人类就可以减少向大自然索取，环境就能得到更好的保护，地球上已有的自然资源就能得到更加合理的利用，最终实现绿色经济与资源的合作博弈。

生态农业绿色知识经济将促使人力资源大量地代替物质资源。实践表明，无论农业经济时代还是工业经济时代，都是以开发和利用现代物质资源和现代能量资源为生产力的主要特征，其产品主要是物质或通过物质能量转换形成现代高科技产品。社会经济活动的主流是物质产品的现代生产、现代流通和消费，因而要求以丰富的现代物质资源和现代能源为基础，这就势必导致对资源的过度耗费，并造成严重的污染。目前，自然资源的严重稀缺性已经成为工业经济发展的桎梏，工业经济造成的严重后果已经严重威胁到了人类的生态农业绿色发展。而绿色知识经济将彻底改变这种趋势，人力资源将取代自然资源成为经济发展的重要因素。在农业经济时代，对土地资源和人的体能的依赖程度为90%以上，现代工业经济时代对自然资源和能源的依赖为 60% 以上，而绿色知识经济时代对自然资源的依赖程度还不足 20%。随着科学技术的发展，人力资源的能量会越来越大，人力资源创造力越来越大，人力资源的原创性越来越强，绿色知识经济博弈能量将代替物质资源，从而取得人力资源与物质资源合作博弈的生态效益。

绿色知识经济促使人类对物质资源的需求减少。绿色知识经济时代，除了科学技术的发展，人的智力在经济活动中的应用使产品轻型化、微型化，从而对自然资源的需求会减少。在农业经济时代，由于社会生产力水平低下，人们获取物质财富的手段相对落后，物质财富总是很难充分满足需要，人也越显得贪婪，更加拼命地积累财富。在农业经济和工业经济社会，频繁的自然灾难和连续不断的战争使人们对前景的估计很难乐观，不少人不仅希望在短短几年时间里攒足自己一生所需的财富，以备不时之需，而且还要为子孙后代攒足财富，这就必然以所谓先进的手段无穷地向大自然索取。进入绿色知识经济时代人们会发现，满足物质需要是一件十分容易的事情。人们对物质财富的要求会适可而止，也就用不着把大量的资源变成产品储存起来，用不着生产大量的物质财富变成货币储藏起来，留给子孙后代。人们会明白，留给子孙后代最好的财富是健康、智慧、丰富的自然资源和美好的环境。这些都会使人们减少对资源的需求，这是一种财富与资源合作博弈的结果，是农业资源生态的良好效应，是生态农业绿色知识经济发展的重要目的和目标，是人类进步的重要标志。

第四节　绿色知识经济与生态农业资源环境管制之间的分析

生态农业资源与环境存在既相适应又相矛盾的问题，表现为环境管制的理论逻辑和观念条件博弈关系。既有生态农业经济管制，又有生态农业社会管制，是经济管制与社会管制的统一体。

一　进程中的资源与环境博弈问题

1. 全球化规则的不彻底性所产生的生态农业资源与环境问题

生态农业环境与资源具有辩证的关系，当资源通过绿色技术优化时，能够适应环境的要求，反之农业就不能适应环境的要求，或是对环境产生损害和破坏作用。我们可以从主客体之间关系的角度把资源所面临问题的不确定性分为外部不确定性和内部不确定性。所谓资源外部不确定性是指来自资源生产力和资源经济环境的不确定性。内部不确定性是指资源物质对环境的损害程度和危害程度不确定。绿色资源生产力在现代经济学中就是技术或者知识，马克思认为生产力是最具革命性的因素，那么，绿色技术和绿色知识不仅是量的积累性增加，而且会发生颠覆性的革命。这种环境与资源的不确定性和确定性产生了适应性和不适应性。

中国是一个人口大国，与一般国家相比，这种不适应性表现在：中国工业化的一个最突出特点是 13 亿人口，劳动人口占世界劳动人口的 1/4。进入工业化时期，农业劳动力向非农化方向转移，经济发展趋势表明，必然要进入工业生产领域，也就是说，大多数的劳动人口将以工业生产为生计，以工业经济创造财富。中国工业化的经济规则体系与发达工业化国家是不同的。工业化要求经济全球化，绿色知识经济具有全球性，生态农业效益具有全球性，而现实中不可能取得全球性的生态效益。也就是说，生产要素在世界经济发展中总是处于合作与非合作的博弈状态中，既有合作博弈因素，也有非合作博弈因素。从合作博弈角度分析，中国是一个"地大物博"的国家，有丰富的自然资源，但从另一个方面反映了非合作博弈关系：中国的人均占有资源很少，环境承载压力巨大，资源转化能量低，除了工业化，没有其他的道路可走。

因此，在中国国土上，环境与资源的矛盾相当突出，不同时期甚至产生尖锐的矛盾。这种矛盾集中表现为巨大的工业生产规模与有限的资源和环境承载能力必然形成严重的不平衡。实践表明，我国经济尽管经过近 40 年的高速增长，工业生产和出口规模大幅度扩张，但是已经感受到了十分"拥挤"的状态。很显然，如果不继续走工业化的道路，中国面临的所有重大问题均无法解决，其中也包括十分突出的资源与环境问题。这样两者总是处在矛盾的博弈过程中，有不合作博弈的不利因素，表现为资源对环境的污染、资源对环境的影响，因而产生非合作博弈的生态农业效益。

2. 生态农业绿色知识经济要求发展保护环境的分析

从生态农业资源与环境合作博弈的角度分析，生态农业资源总是处于一定的矛盾运动状态，要缓和这种矛盾，改变这种状态，实现生态农业物质能量的转换，实现生态农业价值形态的转化，必须运用绿色知识来改变生产方式和发展方式。所以，从资源与产品的合作博弈来看，工业化的基本逻辑是以高效率的方式开发和利用自然资源、利用矿产资源，以科学技术的运用来解决资源紧缺问题和资源障碍矛盾，特别运用绿色知识科学技术来解决农业生态经济中的发展问题，提高农业资源生态效益，实现经济效益与生态效益的同步提升。与传统农业相比，绿色知识经济是一种更加节约资源的生产方式和发展方式，要素更为优化，它比农业更节省土地和水资源，而且，绿色知识经济使传统农业物质大规模地进行能量转化，有利于实现资源的"变废为宝"，成为可贵的绿色资源和绿色财富。

总之，处于生态文明新时代，推动这种观念发展的就是生态农业绿色知识经济，生态农业绿色知识经济是当前必须面对的现实，是正确的选择、科学的发展战略。

二　生态农业绿色资源环境管制的理论逻辑和观念条件分析

1. 绿色农业资源环境管制方式及基本思路

（1）绿色农业资源的多种用途决定了绿色资源管制的重要性。为什么要强调绿色资源的多种不同用途？这首先是由绿色资源本身的特性决定的。水既可用来解渴，也可用来浇菜；柴油可以用来排灌，也可以用来作燃料烧饭。基本上没有一种资源只有一种固定不变的用途。但是我们要看到，资源使用权的多样性及其内部的正效应可以转化为其外部负效应，如何避免这种外部负效应的产生，这就要通过绿色资源的社会管理来解决。

（2）绿色农业资源的使用和分配决定了绿色资源管制的重要性。绿色资源的多样性及其使用权的分割性表明绿色资源是有限的。由此，促进绿色资源的合理使用和公平分配，就必须借助各种各样的正式和非正式制度，对绿色资源进行特定的社会分配和特定的社会管理。

（3）从认识绿色农业资源的相互作用上选择管制方式。一旦人们认识到绿色资源之间的相互作用，人们就学会了如何控制生态农业绿色资源由外部的负效应向内部的正效应转变。这一点对于运用绿色知识改变和优化生态环境至关重要，考虑到资源利用在绿色知识转化方面的重要作用，借助于绿色资源与其他事物之间的系统性知识，人们可以通过绿色资源的有效管理实现绿色资源正能量的发挥。

（4）生态农业资源是达到既定目的的一种工具。既然我们把绿色资源看成达到既定目的的一种工具，那么，把产权方式和产权界定看成一种激励机制就是合理的，因为正确的产权激励更能有效地实现作为政府管制的功能或是效能，而这对于制度建设，对于政府规定哪些行为须禁止或被限制，哪些行为具有外部的负效应，如何将外部的负效应转变为内部的正效应具有极其重要的作用。这是我们要研究和解决的重要问题。

2. 生态农业资源环境管理的理论逻辑

生态农业绿色资源管理理论主要由三部分构成，即绿色资源的价值理论、绿色资源的分析理论和绿色资源的社会管理理论。三种类型的理论相互作用、相互依赖，共同构成绿色资源环境管理的理论逻辑。

一是生态农业绿色资源的价值理论。绿色资源价值主要表现为两个方面。其一是生态农业绿色资源的内在价值，即绿色资源具有内在的正能量，或者是能量的储量和内涵量。可以采用绿色技术手段，或者是采用先进生态农业的绿色技术，实现其能量和储量的转换，实现其物质价值。其二是绿色资源的外在价值，即绿色资源具有正的外部性和负的外部性。

二是生态农业绿色资源的分析理论。对绿色资源进行理论分析，主要目的就是发挥生态农业绿色资源正能量，也就是发挥绿色资源的正外部效应，而排除传统农业资源的负外部效应。绿色资源的分析包括"深绿色资源"和"浅绿色资源"的分析；绿色资源能量转换的分析包括正能量和负能量的分析；绿色资源用途分析包括生产领域和消费领域用途分析；绿色资源的利益分析包括长远利益和近期利益的分析。这些分析共同构成生态农业绿色资源的理论分析体系。

三是生态农业绿色资源的社会管理理论。主要包括：绿色资源能量转化的管理；绿色资源的生产管理，促成绿色资源生态价值和低碳价值的充分发挥；绿色资源的制度管理，促成绿色资源价值向正外部性发展，也就是发挥优化环境的作用；绿色资源法制化管理，也就是对破坏环境的行为进行法制化处罚，以促成资源正能量的有效发挥。

第五节　新型农业经营主体发展绿色知识经济的路径选择

新型农业经营主体发展绿色知识经济和实现绿色技术创新，面临着目标选择困境、价值整合困境、知识突围困境、全球协调困境等。这些困境构成了生态农业绿色知识经济发展的"隐性障碍"和"显性障碍"，而排除障碍的路径和因素很多，关键因素和主要途径是，实施乡村振兴战略，着重于科技成果转化为现实的生产能力，确立生态农业经济的质量观和效益导向，改变农业粗放低效的增长方式，着力转变人们的思想观念，需要构建绿色消费模式，构建绿色知识特定运用通道。

一　坚定不移地实施生态农业绿色发展转型战略

实施乡村振兴战略，包括科学技术发展战略、绿色科技人才培育战略、绿色科技成果转化战略、绿色知识经济发展战略及绿色产业发展战略。应通过新型农业经营主体培育创新来提高全民族的文化科学知识水平，迎接绿色知识经济的挑战。产业转型包括农业结构调整和生态农业产业升级。

1. 科学教育是推动传统农业由粗放型向现代农业集约型转变的重要因素

绿色新兴产业是产业发展和产业结构调整的重点，是财政增收的主体。因此，把推进深绿色新兴产业化进程放在突出位置，走新型工业化道路，实现由粗放型向绿色集约型转变，其关键是培育绿色科技人才，绿色科技人才缺乏是绿色产业发展最大的"隐性障碍"，是产业转型缓慢的重要因素。

优化提升传统农业产业。传统农业产业是我国经济结构中的主要经济存量，其升级和扩张是构建绿色产业体系的根基。要实现传统农业产业循环化、低碳化和生态化，必须牢固树立"全循环""抓高端"理念，淘汰落后产能，强化绿色科技创新，升级技术及设备，着力培育绿色创新人才，以人才创新推动生态农业结构创新。这要求我们：推动装备制造扩能改造，实现装备制造的数字化、集成化、配套化转型升级，打造各类绿色加工业基地，调整污染严重的化工企业产品结构；推动生态农业绿色龙头企业向大型化、集约化和精细化发展；推动传统的纺织服装业走差别化、功能化、品牌化路子，实现产业集聚效应。

以创新型人才促进新兴产业发展，着力改变传统产业的知识结构、智力结构、人才结构，培育产业创新人才。培育壮大战略性绿色新兴产业，全力发展以生物制造、生物医药为主的生物技术产业，以太阳能、生物质能、地热能绿色利用，风电装备及新能源汽车为主的新能源产业；着力发展以特色复合材料、新型工程材料为主的新材料产业；注重发挥热传导、碳材料等绿色先进技术优势以及风能、生物能的资源优势，加强绿色政策支持和绿色规划引导，努力打造绿色产业基地，健全绿色产业门类，实施绿色新兴产业自主培育和创新工程，突破绿色关键技术，转化绿色科技创新成果，推进绿色示范项目，培育绿色创新型龙头企业。

发展绿色产业集群。发展绿色产业集群是加快工业化和城镇化进程的捷径，特别是对欠发达地区，抓好集群式产业布局的规划是形成后发优势、实现跨越发展的重要途径。要求我们以市场为导向，以优势产业为细节，以开发绿色产业园区为主体，积极培育出具有特色的绿色主导产业和绿色支柱产业，发展壮大绿色产业集群。

2. 创新型人才是推动服务业由传统型向绿色现代型转变的关键因素

现代创新型人才，不仅是生产领域的人才，而且包括服务领域的人才。要求我们改变传统服务业知识结构、智力结构、智能结构，培育创造现代服务所需的新知识、新智力、新能力以及新结构。现代服务业被誉为"无烟产业"，具有资源消耗低、环境污染小、亲近自然、环境友好等特点，比较符合绿色经济发展的要求。要求我们高度重视绿色服务业的发展，深刻把握现代绿色服务业发展的规律和趋势，较大幅度提高服务业在整个经济中的比例，着力打造现代绿色服务业区域高地，推动服务业由传统型向绿色现代型转变。

改造提升生活性服务业。首先，要推动服务业专业市场集群发展，依托骨干企业及重点区域，促进商贸聚集发展，并着力培植一批全国性、区域性绿色商品集散中心、价格中心；其次，构建先进的经营模式和管理模式，积极推广应用绿色信息技术，鼓励发展特许经营、仓储超市等现代经营方式。要着力引导传统产业的提档升级，以创新的经营模式、手段为传统产业注入新的内涵，加大绿色品牌影响力。

优先发展生产性绿色服务业。生产性绿色服务业，主要包括金融、信息、研发、物流、商务以及教育培训等方面的服务。这类服务与传统服务业相比，是一种高智力、高成长、高辐射和高就业的现代服务业，能够有效地推动经济发展模式转型，提升资源配置能力，促进产业升级。因此，实现产业转型升级必须加强环保教育，逐步普及生态环境保护知识；加强基础教育，适当开设专业教育，分级开展生态环境保护的培训，宣传绿色产业转型升级的重大意义，传播绿色产业知识，培养人们的绿色价值观，以提高资源生态效益。

二　发展绿色知识经济需要新型农业经营主体转变思想观念

观念对行动有着极其重要的影响。无数事实证明，观念上差之毫厘，行动上就会失之千里，结果上可能相距万里。我国与工业发达国家差距巨大的原因，首先在于人们的观念。例如17世纪末，世界的工业化开始萌芽，当时的中国康熙皇帝对农业进行锐意改革，对工业却毫无兴趣，结果是一百多年之后西方的工业化经济冲垮了中国的小农经济，使中国人蒙受了长达百年的丧权辱国的沉重打击，这个教训应该永远铭记。所以，当代表社会生产力发展方向的新生事物出现时，我们必须用心学习，转变观念，自觉接受新生事物，以适应新事物的发展。

从绿色知识经济发展合作博弈角度分析，不论是宏观层面，还是微观层面，不论是政府部门，还是企业，不论是博弈主体，还是博弈客体，都有一个转变观念的问题。要将贪图享受，追求低级趣味的吃、喝、玩、乐的奢侈消费观念，转变为节约光荣、浪费可耻的有益身心健康的消费观念。应促进粗放的发展方式向生产的集约化、精细化发展，由过去的以外延为主的生态经济再生产转向以内涵为主的生态经济再生产，提高对资源的利用效率和综合利用水平，其中一个重要的问题，就是当代科技进步，会不断地创造无污染的、使发展现代化生产与保护生态环境相得益彰的一体化技术。因而目前国内在兴起"无废料工艺""无污染工艺"，这促使粗放经营的生态经济变为集约经营的生态经济系统。而开展综合利用，实现废物资源化的过程，也就是将粗放经营的、单一利用资源的生态经济系统，转变成为集约经营的、综合利用资源的生态经济系统的过程。

三 构建生态农业绿色发展的机制运行

1. 生态农业绿色发展的支撑保障机制的构建

实现生态农业绿色发展和乡村振兴战略，实现生态农业的持续快速发展，除了打造高效低耗的以绿色理念为指导的农业现代化产业体系，还必须建立健全实现绿色发展的法律法规依据、政策导向保证、科技创新体制和监督考核机制等支撑保障机制。

（1）完善发展生态农业绿色经济的长效政策机制。我们应构建生态农业绿色经济的相关法律体系，以及相关配套法规，如全面推行生态农业生产实施纲要、生态农业绿色发展管理办法、生活饮用水源保护条例、畜禽养殖污染防治管理办法、固体废弃物管理条例等。应按照"谁开发谁保护，谁破坏谁恢复，谁受益谁补偿"的原则，建立并完善生态农业补偿机制；逐步建立反映资源稀缺程度、环境损害成本的生产要素和资源价格机制；建立生态农业国民经济核算体系；建立生态农业产能的绿色机制和环境污染责任保险制度。

（2）构建生态农业绿色科技支撑机制。我们应建设以农业生态企业为主体的绿色技术创新体系；建设以农业生态企业为主体，以市场为导向，产学研相结合的技术创新体系，鼓励农业生态企业与高等院校和科研机构共建绿色技术中心，联合开展科技攻关和技术改造，攻克一批制约产业技术升级的重大关键技术和共性技术；完善生态农业绿色科技资源开放共享制度。绿色科技资源共享有助于科技资源配置，提高创新效率，实现可持续发展，深化科技体制改革。

（3）建立和完善生态农业监管能力保障机制。应建立生态农业专家咨询绿色决策管理信息系统。在制订涉及生态农业绿色经济发展的重大决策和规划时，要确定重大生态建设和环境保护等方面的项目，要重视发挥生态农业专家咨询委员会的作用。应围绕科学技术、文化和社会发展中的全局性、长期性及综合性等问题进行战略研究和对策研究，提供生态农业科学的咨询论证意见；参与重大生态农业绿色行政决策的可行性研究和论证；负责对重大生态农业绿色行政决策的效果进行追踪和评估。

建立完善生态农业生态环境监测网络。要运用遥感、地理信息系统、卫星定位系统等技术，进一步摸清生态环境基础情况，建立主要河流断面、重要水源地和重要水域的水质自动监测系统网络；建立完善生态农业生态环境预警系统和快速反应体系，对生态农业环境安全系统进行全方位的动态监测，避免和减少各类灾害造成的损失。

2. 建设优美的生态农业自然环境

（1）加快生态农业水体环境的修复步伐。水资源是生态农业基础性的自然资源和战略性的经济资源。从生态农业水资源管理、水资源保护和水资源优化配置等方面都要突破传统体制，积极发展节水农业灌溉，加快污水处理系统工程建设，大幅度提高城市生活污水处理能力，逐步实现河流湖泊"水清岸绿"，为生态农业绿色发展提供优良环境条件。

（2）大力开展城乡绿化。城乡绿化是绿色经济发展和生态文明建设的重要组成部分，它既有利于改善生态环境、促进经济可持续发展和生态文明建设，又有利于自然、经济和社会的和谐发展。要围绕森林生态体系建设，重点实施退耕还林、生态公益林、水源涵养林、水土保护林、生态能源林、名优特新经济林、速生丰产用林等工程，加强中幼林抚育、低质低效林改造，提高林业生产力和防护效能，改善生态环境。

（3）切实抓好绿色城镇化构建。建设绿色城镇有利于加快经济结构调整、产业布局优化和提高资源利用效率；有利于促进生产方式、生活方式和消费观念的转变；有利于提高我们的生活质量、改善我们的居住环境。因此，绿色城市建设是提高城镇综合实力和竞争力的有效途径，是促进经济社会可持续发展的必然选择。绿色生态农业城镇建设要着重从两方面下功夫：一是坚持绿色发展观和绿色生态农业理念指导城镇规划编制，合理布局城镇功能和空间结构，从生态角度分析研究城镇各区域的最佳功能，做好城镇土地利用的生态规划；二是坚持用绿色生态农业理念指导建筑设计，绿色生态农业建筑是指能够为人们的日常生活和工作提供健康、安全的居住环境和舒适空间，能够实现最高效率地利用能源、最低限度地影响环境的建筑。

3. 培育健康的绿色生态农业文化

以人与自然、人与社会和谐为核心的绿色生态农业文化是新时代的重要价值观和价值取向，是落实新发展观和构建和谐社会极其重要的内容。因此培育和弘扬健康的绿色生态农业文化，促进人与自然和谐共存是人类追求的价值取向，是实施可持续发展战略的思想保障，是孕育生态文明和生态农业效益的力量源泉，是解决生态危机的理论指导。每一个美丽城镇发展的背后都有其所特有的文化底蕴，而绿色文化关系着一个城镇的文化形象和文明程度。

（1）切实加强绿色理念教育。倡导创建绿色学校，广泛开展生态基础教育，把各种绿色知识纳入素质教育的必修课。高等教育要开设生态哲学、生态伦理和生态文明等生态环境课程，并开展生态环境实践活动。社会要开展绿色理念教育，充分利用公共媒体资源和各种社会组织资源，面向公众普及生态知识教育，提升全社会的生态文明程度。

（2）积极培育绿色文化产业。生态文化产业的定位应是以精神产品为载体，视生态环保为最高境界，向消费者传递或传播生态的、环保的、健康的和文明的信息与意识。大力发展绿色文化产业，有利于优化经济结构和产业结构，有利于拉动居民消费结构升级，有利于扩大就业和创业。

（3）大力倡导绿色消费理念。大力倡导绿色消费理念能够树立生态价值观，提高以健康向上、人类与自然和谐共生为目标的居民的生活质量，提高城乡的生态文明程度，为生态城镇建设提供思想保证、精神动力、智力支持和文化环境。

四　构建绿色知识运用的特定运行通道

绿色知识具有独特性，具有独特的价值形态、独特的效益形态、独特的发展方式、独特的运行规律、独特的行为方式及独特的发展渠道。这种独特性是绿色知识的本质反映和客观要求。

1. 绿色知识运用的客体属性

绿色知识运用的客体属性表现为一般规格及其弹性标准，具有独立性和特定性，以下就此展开分析。

（1）绿色知识客体的一般规格及其标准。理论界普遍认同的是，绿色知识无论其表现形式如何发展，作为客体的绿色知识必须具备一定的规格，即绿色知识客体应当具有特定性和独立性。

　　所谓绿色知识的特定性：一是指绿色知识的实现、确定和客观存在，人们只能运用实际存在的知识，不能支配想象中的知识；二是绿色知识在存续上表现为同一性，这并非绿色知识物质意义上稳定的知识状态，而是依绿色观念或经济观念而具有的同一，依绿色生态效益具有的同一；三是指绿色知识可以定量化；四是绿色知识可以由特定的空间范围或特定的期限加以固定和运用。

　　所谓绿色知识的独立性，是指绿色理念认可的，得益"完整"存在的绿色客体。概言之，独立性不仅仅指绿色知识物理属性上的独立，更多的是绿色理念上的独立，还应当特别注意绿色知识运用的需求，即能单独作用于客体对象。

　　绿色知识规格的弹性标准。对于绿色知识的特定性和独立性的标准，应根据知识类别的不同、运用力及其内容的不同、实现绿色目的的不同而不同。应兼顾绿色公平要求，在一定程度上进行绿色弹性把握，对资源性绿色客体的特定性和独立性应有既合乎自然规律又符合知识运用力要求的弹性解释。资源性绿色客体的特定性可以解释为：其一，有明确的绿色客体范围，不得以他物替代，在绿色客体的存续上表现为同一性；其二，可以由特定的绿色地域加以确定或用特定的期限加以固定和运用。以绿色水资源为例，水具有自然流动性、不确定性和易吸收性等特点，测量和跟踪绿色水资源的特定部分非常困难。因此，水客体的特定性因个案情况会分别呈现四种形态之一：有的以一定水量界定绿色客体；有的以特定的水域面积界定绿色客体；有的以特定的地域面积界定绿色客体；有的以一定期限的水作为运用对象的客体。

　　资源性的绿色客体是否成为独立之物，不仅要考虑物理上的独立性、交易上的可能性，还应考虑是否符合社会发展要求、国家战略利益、国计民生的需要。例如，矿产资源的开发利用，是否考虑保护生态环境、提高矿产资源生态价值的需要。

　　（2）绿色知识运用的特定性和独立性。绿色知识的运用和绿色技术的创新有其特定性和独立性。绿色知识的运用有益于生态效益的提升。例如，对大气中二氧化碳和二氧化硫的"固化"与"清除"，就是绿色技术运用的结果。由于自然条件和生产活动的影响，碳减排量具有期限性、变动性和不确定性的特点，不可能表现出如同有形物一样的特定性与独立性。但仍然可以用技术的手段，使之满足特定性和独立性的要求，以实现碳减排的目标，体现绿色知识运用。

2. 绿色知识运用的条件设定

绿色知识运用的条件设定十分丰富，包括资源的法律设定、产权设定、价值形态设定、效益形态设定、地域性设定、整体性设定等。这类设定为开拓绿色知识运用通道提供了价值基础和条件。

（1）绿色资源的稀缺条件设定。绿色知识的运用受资源的稀缺条件限定，绿色资源的稀缺既不是指这种绿色资源是不可再生的或可以耗尽的，也与这种绿色资源的绝对量无关，而是在给定的时期内，与需要相比较，其供给量是相对不足的。这种供给量的不足使绿色知识的运用和生态价值的发挥受到了很大的限制。

（2）生态价值性条件设定。生态价值主要体现在自然资源的价值以及自然资源开发利用的价值。自然资源的价值取决于自然资源对人类的有用性、稀缺性和开发利用条件等因素，通过绿色知识的运用和绿色技术创新，通过碳减排量，能够起到抵消相应温室气体排放的作用。因此，绿色知识的运用和绿色技术创新后的碳减排量具有经济价值和生态价值双重属性。

（3）绿色知识运用的地域性条件设定。一个绿色项目的实施、一个绿色方案的执行都会受到地域条件的限制。例如，碳减排量的形成与森林资源保护及森林的自然生长等因素密切相关，而自然气候条件和地理条件的差异直接决定了碳减排量生成的程度，从技术角度出发，碳储量的估算都是在国家和地区的尺度上，碳计量所需的植被生物量也是建立在特定地区的尺度上。因此，绿色知识的运用和绿色技术创新受到了区域条件的限定。

3. 开辟绿色知识运用的通道

绿色知识运用着重于培育农业现代产业体系。发展绿色产业体系，应以绿色政策为导向，形成绿色现代产业体系通道。

（1）现代产业体系的构成及其绿色通道。一是以现代化为特征的农业。从传统农业向现代农业转化的过程中，现代工业、现代科学技术和现代经济管理方法的运用使农业生产力由落后的传统农业日益转化为当代世界先进水平的农业，这种农业被称为现代化的农业，或者绿色的现代农业。

二是以信息化为特征的工业。我国在工业化的进程中，实现经济结构优化升级，实现产能的绿色化。实践证明，以信息化带动工业化是绿色知识和绿色技术创新的一条重要渠道，是一个极其重要的绿色载体。

三是突出发展服务业。经济发展表明，产业结构从以农业为主的阶段过渡到以工业为主的阶段，再进入以服务业为主的阶段，是人类社会发展的必然规律。不管是西方发达国家还是处于发展中的国家都不可能违背这一客观规律。目前，我国处于工业化中后期，全球工业化的进程和产业格局变迁的规律深刻表明，工业化中后期的服务业迅速发展，现代经济增长中效率提高的一个重要源泉是服务业的发展。服务业，尤其是绿色服务业对国民经济的结构调整、经济发展成本的降低，特别是交易成本的降低具有极其重要的作用。我国经济在发展的过程中要运用现代经营方式和绿色服务技术对传统服务业进行改造，加快生产性服务业与制造业的融合，大力发展信息服务、金融保险、资讯等现代服务业，不断提高服务业的绿色技术创新水平和绿色制度创新水平，使服务业上升至国民经济中的主导地位。

（2）绿色产业体系是绿色知识运用的重要载体。绿色产业体系包括现代绿色制造业、现代绿色信息产业、现代绿色服务业、现代绿色产品加工业、现代绿色技术污水处理业、现代新能源产业等。这些共同构成绿色产业体系，是绿色知识运用的重要载体，也是绿色技术创新运用的重要渠道。在整个国民经济结构中，绿色产业的地位极其重要，它不仅是优化生存环境、规范经济发展的重要保障，也是全球化时代人类文明健康发展的必然要求。

（3）政策导向是绿色知识运用渠道实现的重要保障。绿色产业体系的构建，需要有制度创新、技术创新支撑，更需要政策导向保障机制。其内容包括绿色产业发展规划纲要、实现目标、实施的产业扶持政策、财政扶持政策、税收扶持政策、价格扶持政策等，以及与之相适应的发展方式、增长方式，实现目标的行政管理手段、法制手段、市场运作方式，这些构成了绿色产业发展的政策体系和制度体系。

政策引导绿色发展战略，就是自觉按照保护环境和合理利用自然资源的要求以开发、设计、加工和销售绿色产品为中心的经营战略，绿色经营战略的提出顺应了人的本质和时代发展的要求。政策引导绿色发展战略就是在科学技术高速发展、人们的物质需要在数量上得到较大满足的情况下，从质量上适应经济发展的需要。政策引导绿色发展战略就是政策适应绿色发展和资源生态效益的要求。由于经济的高速发展，环境遭受了严重破坏，资源过度消耗，人类正面临环境的严峻挑战。这迫使人们不得不选择绿色发展战略，政策不得不引导绿色经济发展。近 20 年来，世界经济已产生了绿色观念，政策引导"绿色技术""绿色市场""绿色标志""绿色产业""绿色产品"等众多概念的产生和发展。绿色经济的理念和发展是对经济的转型和挑战，更是对企业界的有力冲击，它将成为企业进入生态文明的通行证，它决定着企业的发展方向和前途。

参考文献

一 著作类

习近平：《决胜全面建成小康社会 夺取新时代中国特色社会主义伟大胜利——在中国共产党第十九次全国代表大会上的报告》，人民出版社，2017。

《马克思恩格斯文集》第 1 卷，人民出版社，2009。

〔德〕彼得·科斯洛夫斯基：《后现代文化——技术发展的社会文化后果》，毛怡红译，中央编译出版社，1999。

〔美〕巴里·康芒纳：《与地球和平共处》，王喜六、王文江泽，上海译文出版社，2002。

〔德〕约瑟夫·熊彼特：《经济发展理论》，美国哈佛大学出版社，1934。

高中华：《环境问题抉择论——生态文明时代的理性思考》，社会科学文献出版社，2004。

黄娟：《生态经济协调发展思想研究》，中国社会科学出版社，2008。

雷毅：《深层生态学思想研究》，清华大学出版社，2001。

刘思华：《生态马克思主义经济学原理》，人民出版社，2006。

马光等编著《环境与可持续发展导论》，科学出版社，2006。

严立冬、邓远健等：《绿色农业产业化经营论》，人民出版社，2009。

陶长琪、陈文华：《新概念经济》，江西人民出版社，2005。

余谋昌：《创造美好的生态环境》，中国大百科全书出版社，1997。

诸大建：《生态文明与绿色发展》，上海人民出版社，2008。

易文端、顾峰、吴振先：《公共产品价格政策博弈分析》，研究出版社，2007。

李金昌：《生态价值论》，重庆大学出版社，1999。

189

丁力：《农业产业化新论》，中国农业出版社，2004。

毛军吉：《生态强国之梦——资源生态效益新视野》，社会科学文献出版社，2014。

王凡：《存量改革增量创新经济转型模式研究》，西安交通大学出版社，2017。

牛若峰：《农业产业一体化经营的理论与实践》，中国农业科技出版社，1998。

严立冬：《经济可持续发展的生态创新》，中国环境科学出版社，2002。

李达球：《论农业企业化》，经济日报出版社，2003。

胡德春：《农业产业化低成本经营研究》，经济科学出版社，2004。

张泽新：《中介组织主导型市场农业体制探索》，中国农业出版社，2005。

谷树忠、谢美娥、张新华：《绿色转型发展》，浙江大学出版社，2016。

唐代喜、龙均云：《粮食价格效应与产业效益——基于粮食安全视域的新思考》，研究出版社，2015。

厉以宁：《中国经济双重转型之路》，中国人民大学出版社，2013。

吴敬琏：《供给侧改革——经济转型重塑中国布局》，中国文史出版社，2016。

国家行政学院经济学教研部：《中国供给侧结构性改革》，人民出版社，2016。

章家恩主编《农业循环经济》，化学工业出版社，2010。

黄铁苗等：《节约型社会论》，人民出版社，2009。

鲁传一：《资源与环境经济学》，清华大学出版社，2004。

杨洁：《低碳经济模式下企业可持续发展研究》，光明日报出版社，2012。

赖明勇、龚秀松：《湖南农产品价格研究报告》，湖南大学出版社，2014。

张正主编《价格行为概论》，湖南教育出版社，2006。

迟福林主编《改革红利——十八大后转型与改革的五大趋势》，中国经济出版社，2013。

毛科军、巩前文：《中国农村改革三十年》，山西经济出版社，2009。

刘文霞：《用"深绿色"理念引导经济发展》，人民出版社，2012。

崔元锋等：《绿色农业经济发展论》，人民出版社，2009。

卡文娟：《生态文明与绿色生产》，南京大学出版社，2009。

邓远建等：《绿色农业生态发展问题研究》，《湖北绿色农业发展研究报告（2008）》，湖北人民出版社，2009。

二 论文类

曹俊杰 、王学真：《让农业国际化与农业现代化的互动机制》，《农业现代化研究》2005 年第 5 期。

白会平、张磊：《谈经济增长理论的演化》，《经济研究导刊》2010 年第 14 期。

曹泽华：《改革开放三十年中国农业结构调整的历史进程分析》，《农村经济与科技》2008 年第 8 期。

白雅琴：《影响传统消费模式向可持续消费模式发展的因素》，《内蒙古科技与经济》2006 年第 1 期。

陈建华、张园、赵志平：《消费主义及其超越》，《广西社会科学》2009 第 7 期。

陈启杰、楼尊：《论绿色消费模式》，《财经研究》2001 年第 9 期。

陆川：《关于消费者"绿色消费"的几点意见》，《山东工商学院学报》2009 年第 2 期。

潘家耕：《论绿色消费方式的形成》，《合肥工业大学学报》2003 年第 6 期。

潘岳：《和谐社会与环境友好型社会》，《国策论》2006 年第 7 期。

陈超、周宏、黄武：《论农业产业化过程龙头企业的创新》，《农业经济问题》2005 年第 5 期。

陈池波、胡振虎、傅爱民：《新农村建设中公共产品供给问题研究》，《中南财经政法大学学报》2006 年第 4 期。

陈池波：《论农业产业化经营中的主导产业培植》，《理论学刊》2000 年第 2 期。

陈美娥：《从"增长的极限"到"可持续消费"》，《南京政治学院学报》2006 年第 1 期。

崔义中、李维维：《马克思主义生态文明视角下的生态权利冲突分析》，《河北学刊》2010 年第 5 期。

陈福明：《绿色食品产业与中国绿色农业的可持续发展战略》，《安徽农业科学》2007 年第 4 期。

陈洪昭：《农业产业化龙头企业创新与发展研究》，硕士学位论文，福建农业大学，2005。

刁志平：《消费主义价值观与可持续消费方式的构建》，《北京交通大学学报》2003 年第 7 期。

董京泉：《关于理论创新的类型和着力点》，《中共云南省委党校学报》2002 年第 1 期。

董颜龙：《绿色消费模式的构建与制度安排》，《商场现代化》2005 年第 11 期。

陈劲：《集成创新的理论模式》，《中国软科学》2002 年第 12 期。

陈军、隋欣：《农业产业化经营组织模式分析》，《商业环境》2009 年第 4 期。

陈克毅、任素萍：《关于发展绿色农产品的思考》，《农业质量标准》2003 年第 6 期。

陈龙：《关于农业产业化金融支持问题的研究》，硕士学位论文，西南师范大学，2003。

龚绍东：《产业体系结构形态的历史演进与现代创新》，《产经评论》2010 年第 1 期。

韩利琳：《发展环保产业中的政府责任研究》，《企业经济》2009 年第 12 期。

洪磊：《优化调整农业产业结构的思考》，《北方经济》2007 年第 8 期。

李树：《我国生态农业产业化经营问题的思考》，《理论月刊》2000 年第 8 期。

伍世安、方石玉：《土地使用权股份化——农村土地使用制度新探索》，《当代财经》2002 年第 2 期。

韩晶：《农业产业化的制度分析》，《福建省委党校学报》2003 年第 3 期。

黄根喜：《推进农业产业化发展的思考》，《农业经济问题》2002 年第 3 期。

黄明健：《论作为整体公平的生态正义》，《东南学术》2006 年第 5 期。

黄选高：《关于经济增长与经济发展的关系探讨》，《市场论坛》2004 年第 3 期。

荆钰婷、李程程：《消费主义产生的根源分析》，《社会纵横》2010 年第 10 期。

雷安定、金平：《消费主义批判》，《西北师范大学学报》1994 年第 5 期。

李培超：《多维视角下的生态正义》，《道德与文明》2007 年第 2 期。

李周：《生态经济学科的前沿动态与存在的问题》，《学术动态》2005 年第 7 期。

李祖扬、邢子政：《从原始文明到生态文明——关于人与自然关系的回顾与反思》，《南开大学学报》（哲学社会科学版）1999 年第 3 期。

陈秀山：《关于区域经济学的研究对象、任务与内容体系的思考》，《经济学动态》2002 年第 12 期。

何满庭、吕辉红：《湖南省农产品产地环境和质量安全探讨》，《农业现代化研究》2004 年第 2 期。

刘文霞：《"深绿色"理念对我国经济社会可持续发展的启示》，《经济导刊》2009 年第 12 期。

刘文霞：《论"深绿色"理念下的经济发展模式》，《北京科技大学学报》2009 年第 9 期。

顾立新：《健全利益机制：农业产业化持续发展的核心》，《安徽农业大学学报》2001 年第 1 期。

龙均云、唐代喜、吴振先：《粮食安全的隐性障碍及其解构长效机制研究》，《湖南农产品价格研究报告》2014 年第 11 期。

高怀友、刘凤枝、赵玉杰：《中国农产品产地环境标准中存在的问题与对策研究》，《生态环境》2004 年第 4 期。

徐向红：《消费模式的演替与绿色消费》，《长春市委党校学报》2002 年第 4 期。

严子春、王晓丽：《环境保护与可持续发展》，《重庆建筑大学学报》2001 年第 2 期。

叶闯：《"深绿色"思想的理论构成及其未来含义》，《辩证法研究》1995 年第 1 期。

尹世杰：《论绿色消费》，《江海学刊》2001 年第 3 期。

路军：《我国生态文明建设存在问题及对策思考》，《理论导刊》2010 年第 9 期。

杜志明：《财政应大力支持农业产业化》，《山西财经大学学报》1999 年第

1 期。

陈艳等：《对我国农业产业化内在运行机制的探索》，《沈阳农业大学学报》1999 年第 6 期。

丁德良、汪伟宏：《欠发达地区的新农村建设与农业产业化》，《求实》2006 年第 7 期。

丁硫良：《生态农业产业化模式及效益研究》，博士学位论文，大连理工大学，2007。

董雅珍：《农业产业化经营我国农业现代化》，《江淮论坛》1996 年第 6 期。

崔明：《我国绿色农业发展的现状及对策研究》，硕上学位论文，中国石油大学，2006。

董钻：《无公害农产品的产地环境》，《新农业》2005 年第 2 期。

都时昆、陈天乐：《论绿色农业特征与市场定位》，《商业时代》2008 年第 1 期。

邓俊锋、赵敏娟：《农业产业化金融支持体系的生成机制研究》，《西北农林科技大学学报》2001 年第 11 期。

龚鹏：《我国农业产业化的有效组织模式》，《四川农业科技》2005 年第 5 期。

苟铭：《中国制造我们信赖——农产品越来越绿色》，《中国质量技术监督》2007 年第 9 期。

郭红东：《农户参与订单农业行为的影响因素分析》，《中国农村经济》2005 年第 3 期。

郭净、陈丽娟：《我国农业产业化经营的制度分析》，《农业经济》2004 年第 4 期。

何忠俊等：《土壤环境质量标准研究现状及展望》，《云南农业大学学报》2004 年第 6 期。

何继善、戴卫明：《产业集成的生态模型及生态平衡分析》，《北京师范大学学报》2005 年第 1 期。

何满庭、吕辉红：《湖南省农产品产地环境和质量安全探讨》，《农业现代化研究》2004 年第 2 期。

胡鞍钢：《农业企业化：中国农村现代化的重要途径》，《农业经济问题》

2001 年第 9 期。

胡宏、陈英旭：《试论绿色食品农业基地的建设》，《环境污染与防治》1999
年第 3 期。

胡子昂：《新时期财政支持的目标导向及政策调整》，《农业经济》2008 年
第 1 期。

冀红梅：《我国农业产业化的制度变迁分析》，硕士学位论文，华中师范大
学，2008。

姜昭：《农业产业化龙头企业竞争力评价研究》，硕士学位论文，南京农业
大学，2007。

蒋雄：《发展绿色农业创建绿色品牌》，《云南农业》2007 年第 7 期。

靳明：《绿色农业产业成长研究》，博士学位论文，西北农林科技大学，2006。

丁声俊：《关于我国适度提高粮价政策的新思考》，《价格理论与实践》2011
年第 9 期。

马林林等：《我国粮食价格波动影响因素探析》，《价格理论与实践》2011
年第 10 期。

株洲市农产品价格课题组：《当前农产品价格上涨因素分析》，《价格理论与
实践》2011 年第 10 期。

韩一军、刘岩：《世界粮食产业发展现状及变化趋势》，《农业展望》2012
年第 1 期。

杨新铭：《中国城乡收入差距形成的客观机制分析》，《当代经济科学》2012
年第 1 期。

范丽霞、李谷成：《全要素生产率及其在农业领域的研究进展》，《当代经济
科学》2012 年第 1 期。

程国强等：《中国工业化中期阶段的农业补贴制度与政策选择》，《管理世
界》2012 年第 1 期。

龚芳、高帆：《中国粮食价格波动趋势及内在机理：基于双重价格的比较分
析》，《经济学家》2012 年第 2 期。

庞海峰：《我国农产品期货市场对策研究》，《黑龙江八一农垦大学学报》
2012 年第 2 期。

张国庆、陈凯杰：《当前世界粮食问题及我国应对之策研究》，《中国经贸》

2012 年第 3 期。

赵晓飞、李崇光：《农产品流通渠道变革研究》，《管理世界》2012 年第 3 期。

方燕、李玉梅：《我国玉米价格波动影响因素的实证研究》，《价格理论与实践》2012 年第 3 期。

丁声俊：《关于粮食价格的再探讨》，《价格理论与实践》2012 年第 7 期。

李子联：《包容性增长的内涵衡量与框架》，《南大商学评论》2012 年第 4 期。

伍世安：《关于粮食目标价格的再认识》，《价格理论与实践》2012 年第 8 期。

龙均云、唐代喜、吴振先：《粮食产业边际效益与价格效应双约束问题探析》，《价格理论与实践》2013 年第 5 期。

胡岳岷、刘元胜：《中国粮食安全：价值维度与战略选择》，《经济学家》2013 年第 5 期。

龙均云、唐代喜、吴振先：《粮食产业包容性增长及其实现路径探研》，《湖南工业大学学报》（社会科学版）2014 年第 1 期。

陈锡文：《粮食安全面临三大挑战》，《中国经济报告》2014 年第 2 期。

付学坤：《农业产业化经营与县域经济发展研究》，博士学位论文，四川大学，2005。

斯蒂格利茨：《关于转轨问题的几个建议》，《经济社会体制比较》1997 年第 2 期。

孙殿武、单伟民：《树立科学发展观推动经济与环境协调发展》，《环境保护科学》2005 年第 6 期。

王丙毅：《面向循环经济的产业结构调整》，《理论学刊》2005 年第 3 期。

王月华、马海阳：《基于完善我国绿色税收制度的思考》，《河北能源职业技术学院学报》2007 年第 4 期。

吴敬琏：《思考与回顾：中国工业化道路的抉择》，《学术月刊》2005 年第 12 期。

刘帮成等：《影响企业可持续发展的因素分析》，《软科学》2000 年第 3 期。

夏德仁：《绿色产业将成成经济复苏新引擎》，《IT 时代周刊》2009 年第

13 期。

谢芳、李慧明：《非物质化与循环经济》，《城市环境与城市生态》2006 年
　　第 1 期。

叶闯：《"深绿色"思想的理论构成及其未来含义》，《自然辩证法研究》
　　1995 年第 1 期。

于文波、王竹：《"深绿色"理念与住区建设可持续发展策略研究》，《华中
　　建筑》2004 年第 5 期。

张明哲：《现代产业体系的特征与发展趋势研究》，《当代经济管理》2010
　　年第 1 期。

郑红娥：《发展主义与消费主义：发展中国家社会发展的困厄与出路》，《华
　　中科技大学学报》2004 年第 4 期。

朱冷燕：《浅析经济增长理论演进》，《知识经济》2010 年第 9 期。

诸大建：《生态文明：需要深入勘探的学术疆域——深化生态文明研究的 10
　　个思考》，《探索与争鸣》2008 年第 6 期。

徐宪平：《现代企业的产权要求》，《中国软科学》1997 年第 1 期。

蔡守秋：《论中国的节能减排制度》，《江苏大学学报》2012 年第 3 期。

曹勇、李娜：《顾客导向与产品创新的前端管理研究》，《中国科技论坛》
　　2011 年第 1 期。

卫兴华、侯为民：《中国经济增长方式的选择与传换途径》，《经济研究》
　　2007 年第 7 期。

赵冉等：《企业成长力的阶段性评价》，《华东经济管理》2009 年第 11 期。

于洪彦、孙宇翔：《产品创新决策的影响因素研究》，《生产力研究》2009
　　年第 16 期。

刘珂：《浅谈我国新能源行业的发展环境与前景》，《企业导报》2009 年第
　　5 期。

田学斌：《实现人与自然和谐发展新境界》，《社会科学战线》2016 年第
　　8 期。

马艳、王宝珠：《现代政治经济学重大前沿问题的理论线索与研究思路》，
　　《上海财经大学学报》2016 年第 2 期。

潘青松、吴朝阳：《国际粮食价格波动对于国内的影响综述》，《价格月刊》

2015 年第 4 期。

张涛：《〈周易〉与儒释道的"天人合一"思想》，《山东大学学报》2017 年第 4 期。

严含、葛伟民：《"产业集群群"：产业集群理论的进阶》，《上海经济研究》2017 年第 5 期。

王露璐：《中国乡村伦理研究论纲》，《湖南师范大学学报》2017 年第 3 期。

张俊伟：《多角度认识现阶段经济体制改革》，《中国改革》2017 年第 5 期。

方福前：《寻找供给侧结构性改革的理论源头》，《中国社会科学》2017 年第 7 期。

李俊江等：《论后发追赶进程中的供给侧增长动力转换》，《求是学刊》2017 年第 3 期。

牛先锋：《五大发展理念的认识问题与落实建议》，《前线》2017 年第 8 期。

刘波、王修华：《主观贫困影响因素研究》，《中国软科学》2017 年第 7 期。

金碚：《探索区域发展工具理性与价值目标的相容机制》，《区域经济评论》2017 年第 3 期。

范冬萍、付强：《中国绿色发展价值及其生态红利的构建》，《华南师范大学学报》2017 年第 3 期。

刘春生：《农网改造后电价存在的问题及其治理对策》，《中国反垄断及价格监督检查》2010 年第 5 期。

刘春生：《当前农产品价格上涨因素分析——对湖南省农产品市场的调查与思考》，《价格理论与实践》2011 年第 10 期。

刘春生、罗苏简：《低收入群体价格保障体系的构建及相关问题探讨》，《管理学家》2011 年第 12 期。

刘春生：《论生态经济的构建及其价格改革取向》，《价格理论与实践》2008 年第 7 期。

姜长云：《中国农业发展的问题、趋势与加快农业发展方式转变的方向》，《江淮论坛》2015 年第 5 期。

图书在版编目（CIP）数据

生态农业绿色发展研究：基于新型农业经营主体培
育创新 / 王凡著. -- 北京：社会科学文献出版社，
2018.9
ISBN 978 - 7 - 5201 - 3360 - 9

Ⅰ.①生…　Ⅱ.①王…　Ⅲ.①生态农业 - 农业经济发
展 - 研究　Ⅳ.①S - 0

中国版本图书馆 CIP 数据核字（2018）第 200865 号

生态农业绿色发展研究
——基于新型农业经营主体培育创新

著　　者 / 王　凡

出 版 人 / 谢寿光
项目统筹 / 曹义恒
责任编辑 / 岳梦夏

出　　版 / 社会科学文献出版社·社会政法分社（010）59367156
　　　　　　地址：北京市北三环中路甲 29 号院华龙大厦　邮编：100029
　　　　　　网址：www. ssap. com. cn
发　　行 / 市场营销中心（010）59367081　59367018
印　　装 / 天津千鹤文化传播有限公司

规　　格 / 开　本：787mm × 1092mm　1/16
　　　　　　印　张：13.25　字　数：209 千字
版　　次 / 2018 年 9 月第 1 版　2018 年 9 月第 1 次印刷
书　　号 / ISBN 978 - 7 - 5201 - 3360 - 9
定　　价 / 69.00 元